"中扬子地区页岩气新层系调查评价"
"湘中坳陷上古生界页岩气战略选区调查" 联合资助
"湘鄂地区页岩气战略选区调查"

湘中坳陷上古生界页岩气地质条件与勘探方向

XIANGZHONG AOXIAN SHANGGUSHENGJIE YEYANQI DIZHI TIAOJIAN YU KANTAN FANGXIANG

张保民　张国涛　苗凤彬　著
周　鹏　陈　林　李　海

中国地质大学出版社
ZHONGGUO DIZHI DAXUE CHUBANSHE

图书在版编目(CIP)数据

湘中坳陷上古生界页岩气地质条件与勘探方向/张保民等著.—武汉:中国地质大学出版社,2023.2
ISBN 978-7-5625-5461-5

Ⅰ.①湘… Ⅱ.①张… Ⅲ.①坳陷-油页岩-油气勘探-研究-湖南 Ⅳ.①P618.130.8

中国版本图书馆 CIP 数据核字(2022)第 233353 号

湘中坳陷上古生界页岩气地质条件与勘探方向	张保民 张国涛 苗凤彬 著
	周 鹏 陈 林 李 海

责任编辑:杨 念 张旻玥	选题策划:张晓红 杨 念	责任校对:张咏梅

出版发行:中国地质大学出版社(武汉市洪山区鲁磨路388号)   邮政编码:430074
电　　话:(027)67883511　　　传　　真:(027)67883580　　E-mail:cbb@cug.edu.cn
经　　销:全国新华书店　　　　　　　　　　　　　　　　　http://cugp.cug.edu.cn

开本:787毫米×1092毫米 1/16	字数:268千字 印张:11.5
版次:2023年2月第1版	印次:2023年2月第1次印刷
印刷:武汉中远印务有限公司	
ISBN 978-7-5625-5461-5	定价:118.00元

如有印装质量问题请与印刷厂联系调换

前　言

《湘中坳陷上古生界页岩气地质条件与勘探方向》是武汉地质调查中心基于近年湘中地区页岩气调查评价工作的回顾与总结，是"中扬子地区页岩气新层系调查评价""湖南涟源地区1∶5万页岩气地质调查""湘中坳陷上古生界页岩气战略选区调查""中扬子地区古生界页岩气基础地质调查""湘中涟邵盆地页岩气有利区战略调查"和"湘鄂地区页岩气战略选区调查"等中国地质调查局地质调查项目在湘中地区取得的页岩气调查评价部分成果的总结。

截至2021年，武汉地质调查中心先后在湘中地区部署完成剖面测量20.8km；取样浅钻6口，进尺3420m；地质调查井9口，进尺13 763m；二维地震勘探剖面9条，长度280.1km；参数井2口，进尺5590m；直井压裂井1口。通过上述工作，取得如下重要进展与发现。

一是在石炭系测水组、二叠系龙潭组和泥盆系佘田桥组3个重要层系均获得页岩气的重要发现。其中，石炭系测水组现场解吸气含量为$1.22\sim3.95m^3/t$，平均为$2.3m^3/t$（2015HD3井）；二叠系龙潭组气测录井全烃含量为2%～10%，最高可达40%，现场解吸气含量为$0.5\sim2.35m^3/t$，平均为$1m^3/t$（2015HD3井）；泥盆系佘田桥组气测录井全烃含量普遍为5%～8%，最高可达22.3%，现场解吸气含量为$1.46\sim2.62m^3/t$，平均为$2.01m^3/t$（湘新地3井）。

二是优选页岩气有利区9个，其中泥盆系佘田桥组页岩气有利区3个，分别是新化-涟源有利区、洞口-隆回有利区和邵东-双峰有利区，有利区面积分别为$1285km^2$、$1176.4km^2$和$871.6km^2$，估算地质资源量分别为3 714.1亿m^3、2 185.7亿m^3和1 715.8亿m^3；石炭系测水组页岩气有利区3个，分别是车田江有利区、洪山殿有利区和新宁-隆回有利区，有利区面积分别为$333km^2$、$188km^2$和$322km^2$，估算地质资源量分别为684.2亿m^3、201.4亿m^3和517.4亿m^3；二叠系龙潭组页岩气有利区3个，分别为邓家铺-滩头有利区、三比田-箍脚底有利区和短陂桥-牛马司有利区，有利区面积分别为$185km^2$、$272km^2$和$234km^2$，估算地质资源量分别为813.6亿m^3、874.5亿m^3和1 001.4亿m^3。

三是总结了不同富有机质层系页岩气富集主控因素，建立了相应页岩气成藏模式。基于不同层系沉积特征、有机地球化学和储集特征，结合区内构造样式与构造变形特征，指出涟源凹陷西部佘田桥组为"源储一体、差异分布、沉积相供烃控区、构造-裂缝控保定富"的页岩气富集成藏模式；涟源凹陷中部石炭系测水组为"构造-滑脱双重控保定富"的背向斜-断裂型页岩气富集成藏模式，保存条件较好的逆掩封闭断层下盘、向斜两翼及背斜构造为页岩气富集有利区；二叠系龙潭组页岩气富集成藏相对简单，主要为"沉积相供烃控区、保存条件控富"的残留向斜型成藏模式。

本书前言由张保民执笔；第一章由周鹏执笔；第二章第一节、第二节由陈林、张保民执笔，第三节由张保民、张国涛执笔；第三章由张国涛、张保民、李海执笔；第四章由苗凤彬执笔；第五章由张国涛、张保民执笔。全书由张保民、张国涛统稿并审定。武汉地质调查中心能源地质室陈孝红、刘安、田巍、白云山、王强、李培军等参与本书相关部分的基础研究工作。

本书依托的项目在实施过程中得到中国地质调查局各级领导与专家的帮助与支持。项目执行过程中得到包括中石化江汉石油工程有限公司、湖南省煤炭地质勘查院、中石化江汉油田测录井公司、中石化石油工程地球物理有限公司江汉分公司、湖南省煤田地质局物探测量队等多家单位的鼎力支持。样品测试由数岩科技股份有限公司、中石化江汉油田分公司勘探开发研究院、自然资源部中南矿产资源检测中心等多家单位共同完成。中国地质调查局油气资源调查中心包书景教授、中石化江汉油田分公司勘探开发研究院陈绵琨教授、长江大学陈孔全教授、湖北省地质调查院刘早学教授级高级工程师，以及中石油、中石化等多位专家教授在井位论证、过程质量监控、终期成果审查等方面给予了跟踪指导和严格把关，在此对以上所有支持关心过湘中页岩气勘查的领导和专家一并表示感谢！

张保民

2022 年 11 月 1 日

目 录

第一章 区域地质概况 …………………………………………………………………… (1)

 第一节 区域地层特征 …………………………………………………………………… (1)

 第二节 区域构造特征 …………………………………………………………………… (3)

 第三节 地层划分与对比 ………………………………………………………………… (21)

第二章 富有机质泥页岩沉积相及岩相古地理 ………………………………………… (26)

 第一节 沉积相类型及特征 ……………………………………………………………… (26)

 第二节 典型剖面(井)沉积相分析 ……………………………………………………… (44)

 第三节 岩相古地理特征 ………………………………………………………………… (54)

第三章 页岩气地质条件分析 …………………………………………………………… (59)

 第一节 页岩分布特征 …………………………………………………………………… (59)

 第二节 页岩气有机地球化学特征 ……………………………………………………… (70)

 第三节 页岩储层特征 …………………………………………………………………… (95)

 第四节 页岩含气性特征 ………………………………………………………………… (129)

第四章 页岩气成藏富集主控因素及成藏模式分析 …………………………………… (139)

 第一节 泥盆系佘田桥组页岩气富集主控因素及成藏模式 …………………………… (139)

 第二节 石炭系测水组页岩气富集主控因素及成藏模式 ……………………………… (149)

 第三节 二叠系龙潭组页岩气富集主控因素及成藏模式 ……………………………… (161)

第五章 页岩气有利区带优选和资源潜力评价 ………………………………………… (163)

 第一节 页岩气评价标准 ………………………………………………………………… (163)

 第二节 页岩气有利区优选与资源量估算 ……………………………………………… (166)

主要参考文献 …………………………………………………………………………… (177)

第一章　区域地质概况

湘中坳陷位于华南褶皱系的北部,雪峰隆起西南缘,东邻衡山凸起,南接桂中坳陷,是以早古生代变质岩系为基底发展起来的一个晚古生代—中三叠世的以碳酸盐岩为主夹碎屑岩为典型特征的沉积坳陷区。行政区划上位于湖南省中部的娄底、邵阳、永州市境内,地理坐标为东经110°～113°,北纬26°～28°,面积约25 000km²。

第一节　区域地层特征

湘中坳陷地层发育齐全,元古宙、早古生代、晚古生代以及中生代的地层均有出露。其中,元古宙和早古生代地层均出露在凹陷周边的隆起或凸起带,而晚古生代及中生代地层则主要分布在凹陷中。元古宇板溪群—下古生界下志留统以一套复理石细碎屑岩为主要特征,总厚达10 000m;上古生界泥盆系—中生界中三叠统以碳酸盐岩夹碎屑岩沉积为特征,总厚度达5000m左右;中生界上三叠统—中侏罗统为含煤碎屑岩建造,是一套陆相沉积的含煤碎屑岩,沉积厚度近2000m,由于受后期抬升剥蚀,零星分布在各个次级凹陷中(表1-1-1)。

表1-1-1　湘中地区地层简表

地层			代号	基本岩性	厚度/m
中生界	白垩系	上统	K_2c	紫红色杂砾岩、泥砾岩、杂砂岩、泥质粉砂岩	>509
		车江组			
		戴家坪组	K_2d	钙质粉砂质泥岩、薄中层状泥质粉砂岩	>606
		罗镜滩组	K_2l	紫红色—砖红色厚层—块状砂质砾岩、紫红色中厚层含砾粗砂岩、含砾砂岩	1394
		下统	K_1sh	紫红色泥质粉砂岩、泥岩、石英砂岩	>680
		神皇山组			
		栏垅组	K_1l	砾岩、砂砾岩夹含砾钙质粉砂岩、泥质粉砂岩	200～756
		东井组	K_1d	紫红色厚层状含钙质含砾砂岩、含钙质砂质泥岩、粉砂岩	38～636
		石门组	K_1s	灰质砾岩、杂砾岩、石英杂砂岩	160

续表 1-1-1

地层				代号	基本岩性	厚度/m
中生界	侏罗系	上统	高家田组	J_1g	灰黄色、黄绿色中厚层状石英砂岩、粉砂质页岩、灰黑色碳质页岩	65~774
			石康组	J_1s	灰黑色、灰绿色、黄绿色薄层细砂岩、石英砂岩	138
	三叠系	上统	造上组	T_3z	灰白色—灰黑色砂岩、粉砂质泥岩、泥岩夹煤层	186
		下统	嘉陵江组	T_1j	厚层块状白云岩、灰质白云岩、白云质灰岩	200~300
			大冶组	T_1d	深灰色薄层状灰岩、泥灰岩	300~450
上古生界	二叠系	乐平统	大隆组	P_3d	灰色—灰黑色硅质岩夹硅质页岩	67~206
			龙潭组	$P_{2-3}l$	上段为粉砂质泥岩、泥岩,下部以砂岩为主,见泥岩及煤层;下段为灰黑色钙质泥页岩,偶夹砂岩	10~476
		瓜德鲁普统	茅口组	孤峰组 P_2g	下部泥晶灰岩夹硅质岩,上部巨厚层灰岩	以灰岩为主,夹硅质灰岩	230~800	16~138
				小江边组 P_2x		灰黑色页岩夹灰黑色薄层泥灰岩		20~87
		乌拉尔统	栖霞组	P_1q	厚层状灰岩夹灰质页岩及泥灰岩	94~180
	石炭系		马平组	CPm	灰色、浅灰色厚层泥晶灰岩夹厚层白云岩	50~660
		上统	大埔组	C_2d	浅灰色、灰白色块状白云岩夹白云质灰岩	220~602
		下统	梓门桥组	$C_{1-2}z$	灰色云质灰岩、灰岩、泥灰岩,部分地区夹石膏层	102~430
			测水组	C_1c	砂、泥岩互层夹煤层	10~319
			石磴子组	C_1s	灰色—深灰色中—厚层状灰岩、含生屑灰岩夹泥质灰岩	46~329
			天鹅坪组	C_1t	下部钙质泥岩、钙质粉砂岩夹生物屑灰岩,中部含生物屑钙质泥岩,上部夹生物屑泥晶灰岩	12~93
			马栏边组	C_1m	深灰色、灰色薄中层泥晶灰岩、含泥质灰岩,夹粉砂质页岩及碳质页岩	23~166
	泥盆系	上统	孟公坳组	D_3m	深灰色灰岩、泥灰岩夹白云质灰岩	30~282
			欧家冲组	D_3o	灰色—黄灰色灰岩、泥灰岩、砂岩、粉砂岩、钙质页岩	14~254
			锡矿山组	D_3x	上段:黄灰色—黄褐色砂岩、粉砂岩夹砂质泥岩;下段:黄灰色—深灰色灰岩、泥灰岩	37~737
			佘田桥组	D_3s	泥灰岩、页岩及含泥质灰岩	520~1458
		中统	棋梓桥组	$D_{2-3}q$	灰色—深灰色厚层状灰岩、白云质灰岩,可相变为泥灰岩	40~2500
			易家湾组	D_2y	下部为页岩、粉砂质泥岩、泥岩,上部为泥灰岩、灰岩	24~414
			跳马涧组	D_2t	砂岩、砂砾岩夹砂质泥页岩	43~669
		下统	源口组	D_1y	浅紫色、紫褐色块状岩、块质砾岩、紫红色、橘黄色块状泥质粉砂岩	114

续表 1-1-1

地层			代号	基本岩性	厚度/m
下古生界	志留系	兰多维列统			
		珠溪江组	S_1z	灰绿色板状页岩、中厚层状浅变质砂岩、粉砂岩	>100
		两江河组	S_1l	灰色中厚层浅变质细砂岩、粉砂岩夹页岩	>1733
	奥陶系	上统		龙马溪组	
		龙马溪组	OSl	黑色含硅质碳质页岩	13~25
		天马山组	O_3t	浅变质砂岩夹板岩,部分浅变质砂岩含长石	>1049
		中统 烟溪组	O_2y	黑色碳质板岩夹薄层硅质岩	26~131
		桥亭子组	O_2q	青灰色、黄绿色板状页岩、砂质页岩	492~1311
		下统 白水溪组	O_1b	青灰色含粉砂质板岩夹钙质板岩	139~944
	寒武系	芙蓉统 探溪组	$\in_{3-4}t$	泥质条带灰岩	168
		苗岭统 第二统 污泥塘组	$\in_{2-3}w$	白云质灰岩夹黑色页岩	95~569
		纽芬兰统 牛蹄塘组	$\in_{1-2}n$	炭泥质岩、硅质页岩、页岩	150~509
新元古界	震旦系	上统 留茶坡组	Z_2l	灰色中厚层状硅质岩	20~108
		下统 金家洞组	Z_1j	灰色厚层状粉砂质泥岩、黑色硅质岩	8~71

第二节 区域构造特征

一、构造划分

湘中坳陷大地构造上位于扬子大陆南缘与华南褶皱系北部,西邻雪峰隆起,南接桂中坳陷,东靠衡山隆起,至今构造面貌为一个贯通南北、向西突出的祁阳弧形褶皱带。弧形构造形迹主要由晚古生代地层组成,其间穿插有元古宙—早古生代地层组成的穹隆和短轴背斜,其上又叠加有中—新生代的构造盆地。依据构造发展与变动结果、古今构造特征和地层分布等特征,湘中坳陷内可划分为涟源凹陷、龙山凸起、邵阳凹陷、关帝庙凸起和零陵凹陷5个二级构造单元(图1-2-1),组成区内"三凹两凸"的构造格局。其中,龙山凸起将北部涟源凹陷和中部邵阳凹陷分隔,关帝庙凸起将邵阳凹陷和零陵凹陷分隔。同时,根据该区多期次构造变形特点和变形结果差异,可将3个次级凹陷进一步划分为8个三级构造单元(表1-2-1、图1-2-2)。

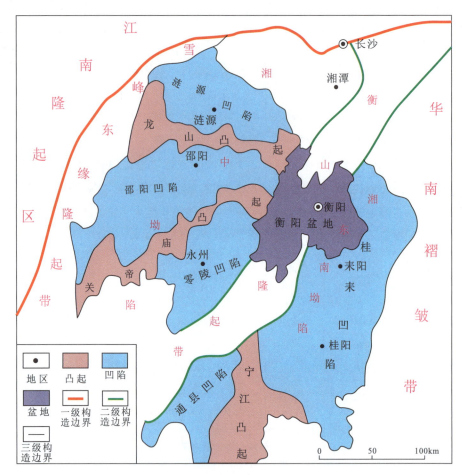

图 1-2-1　湘中坳陷构造单元划分示意图

表 1-2-1　湘中坳陷构造单元划分简表

一级	二级	三级
湘中坳陷	涟源凹陷	西部断褶带
		中部褶皱带
		东部褶断带
	龙山凸起	—
	邵阳凹陷	西部断褶带
		中部褶皱带
		东部断块带
	关帝庙凸起	—
	零陵凹陷	西部褶断带
		东部断褶带

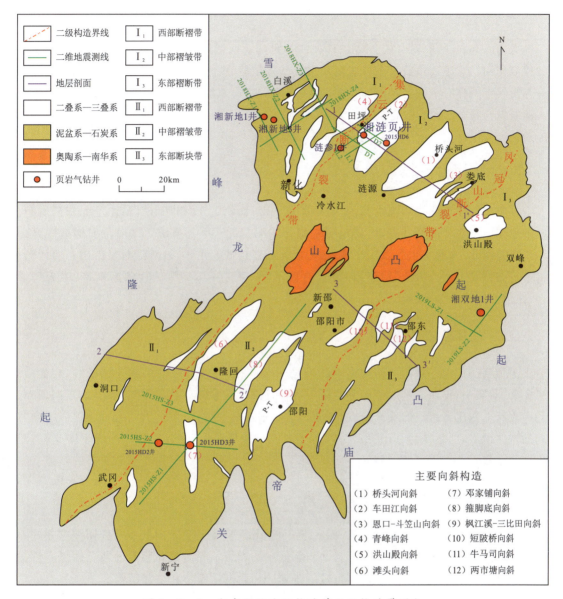

图 1-2-2 湘中坳陷次级构造单元及构造带划分

(一)涟源凹陷

涟源凹陷位于湘中坳陷北端,新化—娄底一带,面积约 6770 km²,整体呈北西西向展布,沉积基底为前泥盆系,盖层从泥盆系到第四系均有发育,区域构造线呈北东—北北东向。区域地质构造以多期、多层次的层滑构造为主要特色,构造样式较复杂,可进一步划分为西部断褶带、中部褶皱带和东部褶断带。

(二)龙山凸起

龙山凸起位于涟源凹陷与邵阳凹陷之间,对南北两侧凹陷地层的厚度及岩相具有重要的控制作用。它主要由震旦系—志留系组成的腰鼓岭、大乘山、白水洞、龙山、猪婆大山等穹隆与短轴背斜作有规律的东西向排列,其间夹晚古生代地层组成的狭窄向斜,剖面上显隔槽式褶皱组合特征。断裂发育,多沿构造翼部通过,与构造轴线一致,呈南北延伸,与凹陷中的断裂相连。沿凸起带有一系列的印支—燕山期岩体展布,多位于正向构造的核部。

(三)邵阳凹陷

邵阳凹陷位于湘中坳陷中部,武冈—邵东一带,面积近 $11\,000\,km^2$,整体呈北东向展布。以加里东期不整合面为基底,出露地层主要为中泥盆统—下三叠统。区内主要构造线是由一个贯通南北、向西突出的弧形褶皱带,构成祁阳弧构造的主体,该弧形褶皱带的东西两侧,构造形态特征与组合方式及沉积厚度又有所不同,可进一步划分为西部断褶带、中部褶皱带、东部断块带。

(四)关帝庙凸起

关帝庙凸起位于邵阳凹陷与零陵凹陷之间,由震旦系—志留系组成的越城岭、高挂山、牛头寨、四明山、山西山及关帝庙等穹隆与短轴背斜组成串珠状凸起带,总体呈北东向展布。其中夹有上古生界组成的狭长向斜,剖面上呈隔槽式褶皱组合特征,沿凸起带断续有不同时期的岩体出露,如越城岭、苗儿山岩体,岩体形成于加里东期,关帝庙岩体形成于印支期,燕山期岩浆多沿前期岩基通道侵入。

(五)零陵凹陷

零陵凹陷位于东安—祁阳一带,面积近 $5500\,km^2$,整体呈北东向展布。区内泥盆系—石炭系广泛出露,背斜和向斜相间排列,并与相伴生的断裂一起构成祁阳弧南翼反射弧。依据构造演化及褶皱、断裂的组合特征,可进一步划分为西部褶断带和东部断褶带。

二、构造演化

湘中坳陷现今构造样式是多期构造运动共同作用的结果,特别是印支期以来强烈的挤压、隆升剥蚀以及断裂活动,对现今构造形态的形成具有重要作用(图1-2-3)。

湘中坳陷是一个在前泥盆纪浅变质基础上发展起来的继承性沉积盆地,早古生代以碳酸盐台地沉积为特征,寒武纪—中志留世沉积了较厚的复理石碎屑岩建造,志留纪中晚期的加里东运动使该区发生强烈陆内造山活动,初步形成了湘中坳陷内部凸起与凹陷相间的次级构造单元组合样式,前泥盆纪地层发生不同程度抬升并遭受剥蚀,凸起区抬升剥蚀尤为强

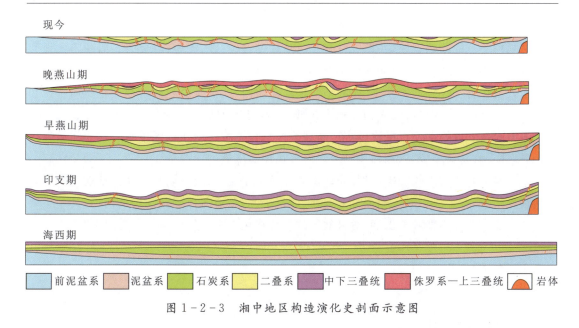

图 1-2-3 湘中地区构造演化史剖面示意图

烈,并最终在区域上完成了华南板块与扬子板块的拼合。加里东运动之后,湘中地区整体处于一个相对稳定、持续沉降的陆表海盆地演化阶段,沉积了一系列以碳酸盐岩为主、碎屑岩为辅,并夹少量硅质岩的地层,不整合于下古生界之上,其间发育了多套暗色富含碳质的泥灰岩和泥页岩。直到中—晚三叠世印支运动发生,结束了该区早期的地层沉积—沉降过程,受印支运动影响,湘中地区遭受区域上近北西西向构造挤压应力作用,形成一系列呈北东—北北东向展布,由宽缓向斜、紧闭背斜组成的隔档式(褶皱)盖层褶皱构造及逆断层组合,大致形成呈左行斜列展布的系列构造带,奠定了涟源凹陷以至整个湘中地区现今构造样式的基本格局。该时期,湘中坳陷内不同构造区的抬升剥蚀强度存在较大差异,坳陷西部地区受构造运动影响整体要强于东部地区,区内宽缓的向斜构造地层保留较多,而紧闭的背斜构造则剥蚀强烈。

印支运动后,晚三叠世—中侏罗世,本区再度发生区域性沉降,并接受了厚度超过 2000m 的海陆交互相碎屑沉积,导致泥盆纪地层的埋深甚至超过印支运动前的深度,至中侏罗世达到最大埋深(佘田桥组页岩最深超过 6000m)。中侏罗世后期燕山运动爆发,在区域上北西西—北西向构造挤压应力作用下,先期的沉积盆地构造回返、封闭,在区域上多形成白垩纪与晚三叠世—中侏罗世早期地层的角度不整合接触,该期构造运动形成于古太平洋板块向北西俯冲的大构造背景下。湘中地区在北西西—北西向强烈的构造挤压作用下,先期北东—北北东向褶皱和断层组合发生继承性改造,并在此基础上又产生一些以北东—北北东向为主的逆冲断裂与褶皱变形,仍保留宽缓向斜与紧闭背斜相间的隔档式(褶皱)褶皱主体构造样式。同时,强烈的构造挤压也使先期沉积盆地封闭,该区早期地层整体大幅度抬升,并长期处于剥蚀状态,尤其是位于隆起处的紧闭背斜与断层发育带,强烈的剥蚀一直持续到早白垩世,以致晚三叠世—中侏罗世沉积层仅零星保存。

早白垩世晚期开始,扬子地区整体处于区域伸展阶段,湘中坳陷再次沉降接受沉积,主要发育规模不一的断陷盆地,并形成一套红色陆相湖盆砾、砂、泥质碎屑沉积,而断陷盆地旁侧为前期的抬升剥蚀区,与断陷盆地沉降耦合,形成盆-岭构造景观。

至古近纪喜马拉雅运动发生,在太平洋板块向西俯冲、挤压引起的区域近东西向挤压和缩短构造背景下,该区再次进入构造抬升阶段,造成已有地层继续褶皱变形,并形成北东—北北东向右行和北西向左行平移(调节)断裂等。喜马拉雅运动在该区主要表现为间歇性挤压抬升,并一直持续至今,以致白垩纪及之后沉积地层多被剥蚀殆尽。

湘中地区自晚古生代盖层沉积以来,主要经历了印支期、燕山期及喜马拉雅期3个主要构造演化阶段,并最终形成了现今贯穿南北、地跨全区,总体向西突起的构造格局,其中主要的构造形变期为印支期和燕山期,对天然气的生烃演化与构造保存均起到关键作用。

三、构造特征

(一)构造样式与构造变形特征

湘中坳陷为印支、燕山运动的挤压残留型盆地,总体构造格局具南北分区、东西分带的构造特点。湘中坳陷内可划分为"三凹两凸"5个构造单元(图1-2-1)。湘中坳陷发育在汇聚型板块边缘,具有被动大陆边缘的基本属性,整体由一系列北东—北北东向犁式叠瓦状逆冲断层、紧闭线性褶皱和隔档式褶皱等主体构造要素组成。这些多要素的组合在不同构造单元与构造带内表现为不同的构造样式与构造变形特征,从而导致了页岩气保存条件的差异性,以坳陷内的涟源凹陷、邵阳凹陷及零陵凹陷3个主要次级含气凹陷为例,其构造样式与构造变形特征如下。

1. 涟源凹陷

涟源凹陷位于湘中坳陷北部,雪峰弧形构造带的东南侧,祁阳弧形构造的北翼向北东延伸的部位,二者控制了盆地内的构造格架。凹陷整体上表现出盖层滑脱型构造特征,主要的构造样式为逆冲断层-褶皱组合,主体构造线方位为北东—北北东向(图1-2-4)。按盖层构造样式特点可进一步划分为西部断褶带、中部褶皱带和东部断褶带3个构造单元,分别以集云断裂和凤冠山断裂带为界,由于各个构造带所处的位置不同,其构造样式也各不相同。

1)西部断褶带

西部断褶带总体呈北东向展布,叠瓦状逆冲断层和其间的挠曲式紧闭线状褶皱组成该构造带主要构造样式(图1-2-5),仅在东部发育了宽缓的青峰向斜构造。断褶带内断裂倾向以南东为主、北西为辅,形成向北西逆冲推覆的叠瓦式断层组合,并伴随一些向南东运动的重力滑动构造。带内还发育有一系列主要由石炭系灰岩组成的小型飞来峰。该构造带,逆冲推覆构造带均切穿了海西—印支构造层,在走向上一般不超过中泥盆统—中三叠统的分布范围。同时带内还发育有许多向南东方向运动的滑覆构造、飞来峰构造以及张引正断

第一章 区域地质概况

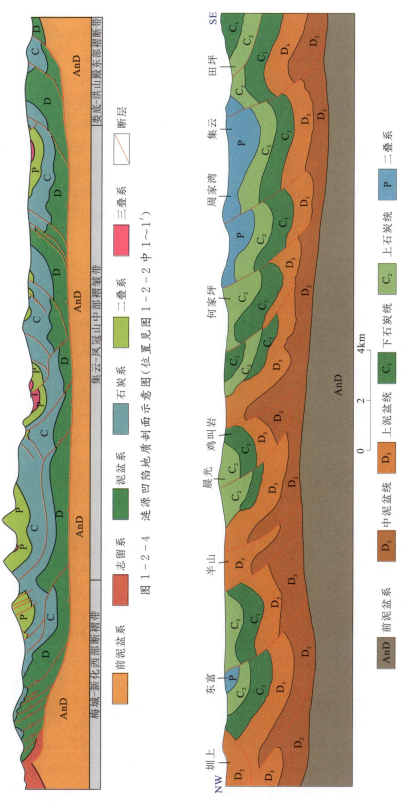

图 1-2-4 涟源凹陷地质剖面示意图（位置见图 1-2-2 中 1~1'）

图 1-2-5 涟源凹陷西部断褶带剖面示意图

层等形式的重力滑动构造,前两类滑覆体分布于冲断带之上,后一类一般切割逆冲断层或者沿着逆冲断层重新活动,其主要是由后期应力松弛加重力作用影响,沿着前期断层面发生滑动所形成的。

从区内 2018HX-Z2 二维地震测线剖面来看,该测线上发育一系列大致平行、倾向南东的高角度逆断层($F_2 \sim F_5$),构成叠瓦式逆冲断层组合,并与北西向逆断层 F_1 组成对冲构造样式,断层多错断石炭系、泥盆系并延伸至基底,F_2 断层一侧地层相对平缓,向北西远离 F_2 断层主要为向斜和背斜组成的复式褶皱,继承了加里东期褶皱基底形态;至 F_1 断层一侧为一向斜构造,次级断层不发育(图 1-2-6)。从 2018HX-Z3 二维地震测线剖面来看,该测线上也主要发育一系列大致平行的高角度逆冲断层,倾向南东,形成断块式叠瓦逆冲组合。由南东至北西方向,断层间的地层挠曲变形有所增强,抬升剥蚀程度亦有所增加,断层断距变大。构造样式上主要呈断夹块及"y"字形(图 1-2-7)。

2)中部褶皱带

中部褶皱带总体走向呈北北东向,主要发育了车田江向斜、桥头河向斜和恩口-斗笠山宽缓向斜。向斜之间为相对紧闭的背斜,构成了典型的隔档式褶皱构造带。向斜形态一般比较完整,而背斜则剥蚀严重,形态多被破坏,形成断夹块和断背斜等。褶皱带内发育了一系列由向北西和南东倾向的逆断层所构成的背冲式或对冲式构造样式,从而组成了该区以隔档式褶皱和双冲断裂构造为主的盖层滑脱型逆冲断层-褶皱组合构造样式。滑脱构造主要沿测水组、龙潭组等软弱地层发育,为顺层推覆或在重力作用下形成上滑下推的形式。

从区内 D2 二维地震测线剖面来看,该测线上主体为一相对完整的宽缓向斜,地层平缓,仅在向斜两翼转折端发育 3 条高角度逆断层($F_6 \sim F_8$),均主要为调节断裂,对后期地层沉积的控制作用较小。断层主要组成对冲式构造样式(图 1-2-8)。对于该构造带内的向斜来说,整体构造变形强度较弱,仅发育少量调节断层,且断层断距不大,地层序列完整,抬升剥蚀强度小,而相邻的紧闭背斜区构造样式组合更为复杂,地层变形与抬升剥蚀也更为强烈。

3)东部褶断带

东部褶断带总体走向北东向,主要发育一系列规模较大、倾向北西的逆冲断裂及次级断层,在剖面上呈现叠瓦状冲断带特征(图 1-2-9)。褶断带内的褶皱构造主要由洪山殿宽缓向斜和相邻背斜及次级褶皱组成。东部叠瓦状冲断带切割、破坏了走向北东的褶皱构造,使其大多保存不完整,并且使一些推覆体推覆于印支期形成的褶皱之上。由褶断带内主要断层的交切关系及后期白垩系覆盖特征等可知,东部叠瓦状冲断带主要形成于燕山运动早—中期,该时间晚于西部叠瓦状逆冲断裂带和中部双冲构造系统褶皱带的形成时间。

综合 3 个构造带内构造样式与构造变形特征可知:西部构造带是在印支期北东-南西向挤压应力作用下沿着加里东基底顶面向北西滑动,受到雪峰的阻挡,形成了一系列断面倾向南东的逆冲推覆构造,后期在应力松弛状态、重力共同作用下,在雪峰东南缘产生一些重力滑覆构造;中部构造带的主要构造样式是沿着测水组或龙潭组软弱地层中发育的双冲式断裂系统和隔档式褶皱组合;东部构造带主要特征是断面倾向北西的叠瓦状逆冲断裂带,但是其形成机理很可能是重力滑动,在前缘部分形成的叠瓦状冲断裂带。

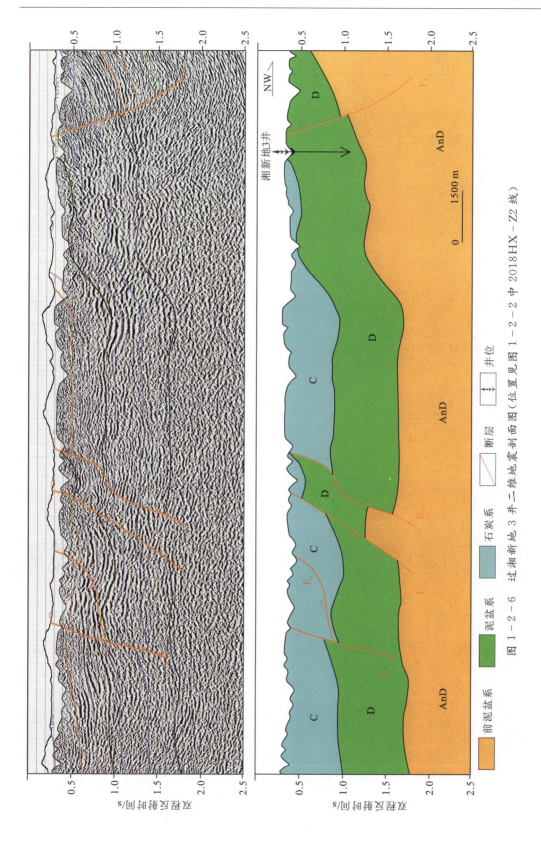

图 1-2-6 过湘新地 3 井二维地震剖面图（位置见图 1-2-2 中 2018HX-Z2 线）

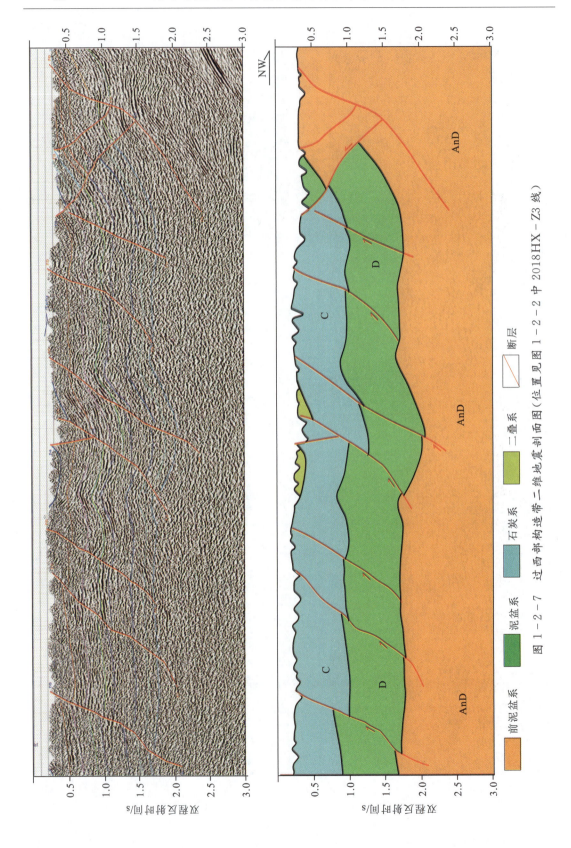

图 1-2-7 过西部构造带二维地震剖面图（位置见图 1-2-2 中 2018HX-Z3 线）

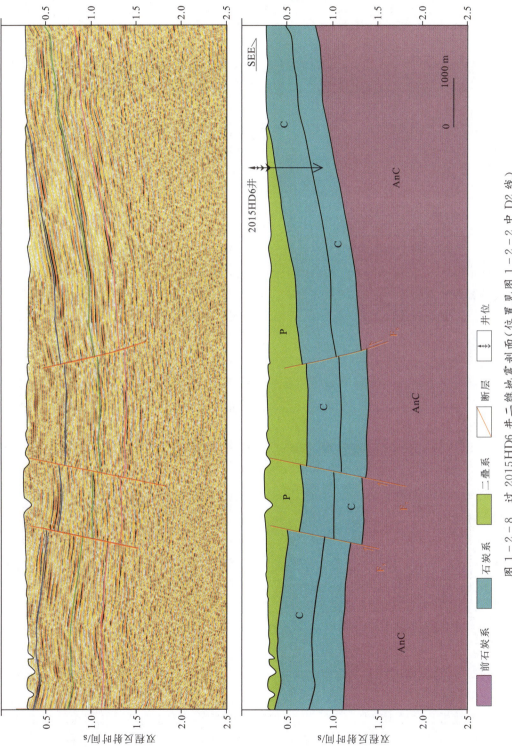

图 1-2-8 过 2015HD6 井二维地震剖面（位置见图 1-2-2 中 D2 线）

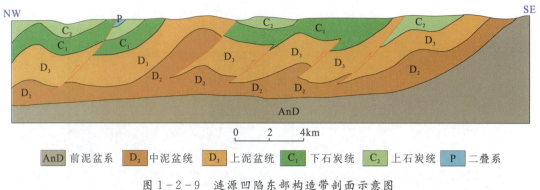

图 1-2-9 涟源凹陷东部构造带剖面示意图

2. 邵阳凹陷

邵阳凹陷位于湘中坳陷的中部，大致呈北东东向展布。主体构造是一个贯穿南北、向西突出的弧形褶皱带，依据褶皱带东西两侧构造形态特征、组合方式及沉积厚度的差异又进一步将其划分为西部断褶带、中部褶皱带和东部断块带，主要的构造样式为挤压逆冲断层（叠瓦式、反冲式、对冲式或背冲式）-褶皱组合，而各个构造带内的构造样式与构造变形特征有所差异。

1）西部断褶带

西部断褶带面积约 4200km²，地表主要为泥盆系，石炭系多呈狭长带状夹于其间，构造线总体呈近南北—北东向，由北向南从北东向逐渐转变为近南北向。由于该构造带西界为城步-新化区域基底断裂带，派生出一系列规模大、延伸长的逆断层，构造相对复杂。从 2015HS-Z2 二维地震测线剖面来看，该测线所在的西部断褶带构造相对简单，主要为一向斜，毗邻中部皱褶带的向斜区，两者之间为一紧闭背斜，遭受抬升剥蚀，地表出露泥盆系。该向斜中发育 2 条调节断裂——F_{16} 和 F_{17}，它们组成对冲构造样式。

2）中部褶皱带

中部褶皱带面积约 5300km²，地表出露泥盆系—下三叠统，表现为狭窄的向斜和背斜相间排列，构成贯穿南北、向西突出的弧形构造带，褶皱轴向方位主要为北东—近南北向，断裂较为发育，与相邻褶皱构成一陡一缓相间成带的排列方式。北部褶皱形态相对完整，并大致相间排列；南部发育较差，褶皱形态不一，错位明显，延续性差。从该带内 2015HS-Z2 二维地震测线剖面来看，背斜区大型断裂相对发育，而向斜区小型断层更为发育，构造样式较为复杂。测线上 F_{12} 和 F_{13} 断层组成背冲式构造，F_{10} 和 F_{11} 组成反"y"字形构造，F_{10} 断层上盘为逆冲褶皱构造，F_9 断层上盘为逆牵引构造（图 1-2-10）。

3）东部断块带

东部断块带总体为小型宽缓褶皱带，面积约 1500km²，走向由北往南从北东向转变为北西向。区内断裂较发育、方向不一、密集成带、互相交切；褶皱分布零星，展布狭窄，形态不定，无固定的排列组合规律，与断裂关系密切，多造成构造脱顶等现象，少数中生代构造盆点

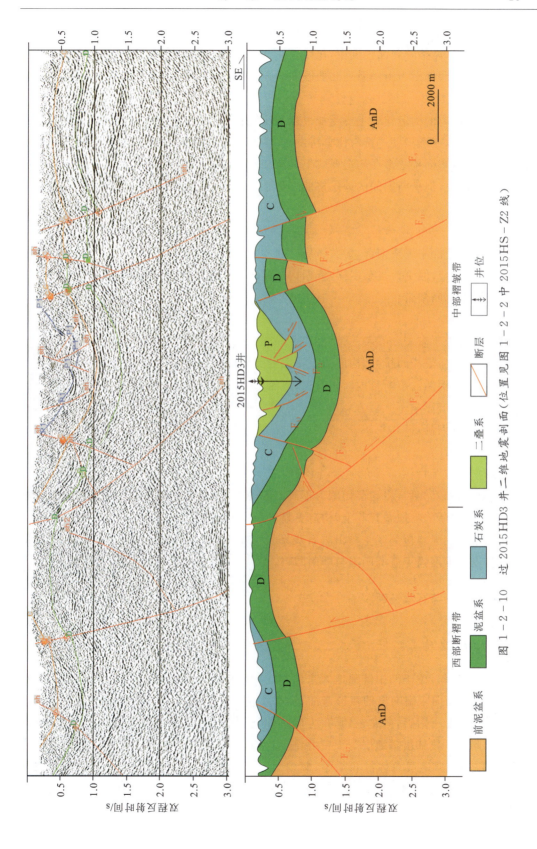

图 1-2-10 过 2015HD3 井二维地震剖面（位置见图 1-2-2 中 2015HS-Z2 线）

缀其间。从东部断块带的二维地震测线剖面来看,该带整体表现为向南东倾伏的单斜构造,东高西低。东部整体抬升剥蚀强度大,仅残留泥盆系,且被一系列倾向南东的高角度逆断层切割形成断夹块;西部则为由一系列北西倾向的逆断层组成的断块,断层间的地层挠曲变形程度相对较弱(图1-2-11)。

纵向上,凹陷内的构造样式主要受加里东基底与深大断裂的控制。横向上,对构造带构造样式和地层挠曲变形程度进行对比分析发现:中部构造带的变形程度最弱,向斜区相对宽缓,西部构造带与东部构造带在构造样式上具有相似性,均主要为一系列高角度逆断层组成的断夹块组合样式,但从断层间的地层挠曲变形来看,西部构造带总体变形要更强一些。

3. 零陵凹陷

零陵凹陷位于湘中坳陷南部,为关帝庙凸起与衡山隆起所夹持,主要的构造样式亦为逆冲断层-褶皱的组合,但更为复杂多样,依据构造样式与构造变形特征差异,可进一步划分为西部褶断带和东部断褶带。

1)西部褶断带

西部褶断带位于东安—零陵一带,面积近3000km^2,由龙家、黄田铺两背斜与白鸽岭、东岭、高溪市3个向斜带相间排列,构成向东突出的弧形构造主体,其中褶皱发育良好,展布宽缓,形态基本完整褶断。褶断带内断裂发育,多沿背斜、向斜交接处通过,并伴随褶皱略呈弧形弯曲,对褶皱形态影响不大。在该褶断带南端有一组北东东向断层,切断了上述弧形构造,使其不能继续南延。

2)东部断褶带

东部断褶带位于卢洪—祁东一带,面积约2500km^2。断褶带内断裂发育,主要有北西向、北东向两组,相互交切,将地层切割为不规则的菱形地块,褶皱稀少,分布零散,组合无规律,加之中新生代断陷盆地叠置其上,构造更显复杂。

零陵凹陷内的向斜核部区主要出露石炭系及少量二叠系,反映出其历史时期中的构造变形与抬升剥蚀程度强于涟源凹陷与邵阳凹陷。

(二)主要构造与区域性断裂

1. 主要向斜构造

(1)桥头河向斜:位于湘中涟源地区东南部。由金竹山至雷鸣桥一带,长约54km,宽约14km,整体表现为向东南突出的弧形弯曲,由桥头河主向斜及相邻次级向斜组成。向斜西南扬起端位于涟源市附近,向北东约50°方向延伸,经龙建、桥头河一带渐变为北东30°方向直至七星街附近。核部出露地层为下三叠统大冶组,主要岩性为一系列密集发育的次级小型褶曲薄层灰岩,但地层总体产状平缓,倾角5°~20°;两翼主要出露地层为石炭系至二叠系,西北翼略缓,倾角为30°~50°,东南翼较陡,倾角多在50°~60°之间,两翼均伴生有一系列冲断层。

第一章 区域地质概况

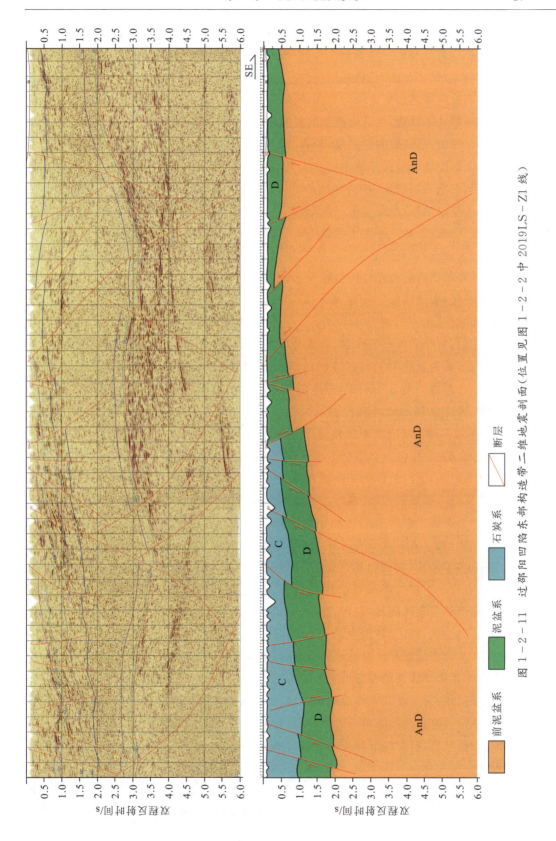

图1-2-11 过邵阳凹陷东部构造带二维地震剖面（位置见图1-2-2中2019LS-Z1线）

(2)车田江向斜：位于湘中涟源地区中部，南端起于涟源市西北侧渣渡镇附近，向北东15°~20°方向伸延，经车田江一带略向东偏转，轴向渐变为北东30°~45°。区内长约30km，宽约16km，整体呈微向西北突出的弧形弯曲。向斜核部为下三叠统大冶组，两翼为石炭系至二叠系。核部及两翼地层整体较为平缓，倾角一般为10°~40°。两翼虽有冲断层伴生，但岩层直立的挤压带并不发育，为区内典型的宽缓向斜。

(3)恩口-斗笠山向斜：此向斜由恩口向斜和斗笠山向斜组成。恩口向斜核部主要由三叠系组成且有下侏罗统及上白垩统不整合于其上，两翼为石炭系至二叠系。向斜北段向北东约60°方向延伸，南段渐向南偏转，至夏家坪一带轴向变为北北东向，呈明显的向北西突出的弧形形状。斗笠山向斜：形似一个三角形，北东、南西两端尖狭，开阔核部主要由三叠系组成，两翼为二叠系和石炭系。西侧于涟源市东部扬起，轴向近东西，往东逐渐变开阔，至禾管冲附近，向斜分为两支，主要向北东60°方向延伸，至祖师殿附近逐渐扬起，向斜核部三叠系相继圈闭，但其翼部二叠系与恩口向斜相连通，两者轴线呈明显的"S"形弯曲。斗笠山向斜核部产状相对平缓，岩层倾角主要为10°~25°，两翼不对称，北西翼岩层多见倒转或直立，南翼正常，倾角为40°~60°。

(4)青峰向斜：位于涟源凹陷西部，核部出露地层为二叠系和下三叠统，两翼主要由二叠系和石炭组成，区内长约40km，宽约8km，轴向方位北东，呈略向北西突出的弧形。北段两翼产状正常，北西翼倾角30°~50°，南东翼倾角25°~41°；南段南东翼倾向北西，倾角为25°~45°，北西翼近核部倒转，倾向北西，倾角为50°~80°，往翼部产状逐渐正常，倾角为40°~70°。总体为一轴面倾向北西的相对开阔褶皱。

(5)洪山殿向斜：位于涟源凹陷东南部，核部出露地层为二叠系和下三叠统，两翼主要由二叠系和石炭系组成，区内长约11km，宽约5km，轴向方位为北东东向，属近直立水平开阔褶皱。周缘多发育次级褶皱，且北翼岩层具叠加干扰性，发育叠加特征的鞍状构造，其扬起端具矩形特征，并有近东西向与近南北向两期构造叠加形迹。

(6)滩头倒转向斜（又名黄瓜岭向斜）：轴向北东，南西端延伸出区外，区内向北东延伸长约35km。轴面波状扭曲，南北两端近直立，中段倾向北西。核部地层为大冶组，翼部主要地层由二叠系和石炭系组成。南东翼产状310°~320°∠30°~60°；北西翼新塘冲以北产状正常，新塘冲以南产状向北西倒转，直至三阁司，三阁司以南产状又恢复正常。北西翼中段倒转地层产状315°∠30°~70°，核部大冶组倒转向斜多处可见；北段地层正常，产状120°~140°∠35°~70°。北西翼发育次级倒转背斜，该背斜保存不完整，被邻近断裂破坏。向斜南部发育多条近东西向和北西向左行小断裂。

(7)邓家铺向斜：为直立开阔平缓褶皱，向斜核部为大冶组灰岩；两翼为石磴子组至大隆组，岩层产状正常，倾向稳定，倾角一般为20°~45°，均不同程度地遭受断层破坏。向斜轴线走向近南北，轴面陡直，转折端开阔平缓。枢纽起伏不平，分别向南北两端扬起。向斜两翼次级褶皱及小断层发育。

(8)箍脚底向斜：区内南段呈北北东向，北段呈北东向，呈向北西凸出的弧形。轴面波状扭曲，南段近直立，中部及北段倾向北西。核部地层为大冶组，向两翼地层依次为大隆组—

大埔组，水口以北向斜北段大部西翼倒转、倾向北西，构成倒转向斜。水口以南向斜南段西翼产状正常，轴面略向西倾，为斜歪开阔褶皱，南端向南扬起。向斜核部发育宽缓小褶曲，见有紧密型小褶皱及发育垂直层面的劈理和方解石脉。向斜北西翼发育北西向聂家亭断裂，具左行走滑性质，表明褶皱受北西向南东的逆冲推覆运动控制。

(9)枫江溪-三比田向斜：此向斜是由枫江溪向斜和三比田向斜组成。枫江溪向斜轴迹走向北北东，北端被白垩系掩覆，核部地层为下三叠统大冶组，翼部地层依次为二叠系大隆组—栖霞组。东翼被九公桥断裂切割限制而缺失栖霞组，马平组与小江边组直接接触；西翼发育较完整，出露宽度大且叠加有多个次级褶皱。两翼岩层产状正常，西翼倾角为50°左右，东翼倾角为35°左右，轴面略向西倾，局部近核部西翼岩层西倾、倒转。西翼常发育变形强烈的小型褶皱，如石溪港大隆组中见小型西倾断裂及连续倒转尖棱褶皱。三比田向斜：轴向近南北向，轴面直立，为北端扬起的开阔褶皱，该向斜核部出露地层为大冶组，翼部地层依次为大隆组—大埔组，西翼发育北东向小断裂，断裂均倾向东，倾角为60°~70°，均为逆断裂。向斜北端发育一近东西向断裂，造成向斜地层左行错动数十米。

(10)短陂桥向斜：轴线呈波状弯曲，总体略呈"S"形展布，中段轴向北东，轴面略向北西倾斜，北东段及南西段轴面渐偏为近东西向，轴面转为直立。核部由大冶组薄层灰岩组成，两翼地层由二叠系和石炭系组成。向斜北段北西翼正常，南东翼倒转，岩层倾角一般为20°~40°，中段及南段北西翼倒转，北西翼发育有逆断层，泥盆系孟公坳组砂质灰岩逆冲于石炭系测水组砂岩之上；南东翼正常，地层出露连续，岩层倾角一般为40°~45°。

(11)牛马司向斜：轴线较弯曲，大体呈向北西凸出的弧形。北东段呈近东西向，南西段则转而呈南南西向，全长约15km。轴部由大冶组薄层灰岩组成，两翼地层由二叠系及石炭系组成。两翼地层倾角一般为25°~30°，局部可见更陡或更缓者。总体上南东翼较北西翼略缓，轴面倾向北西，牛马司煤矿发现于此向斜构造的龙潭组中。

(12)两市塘向斜：轴迹呈北东向展布，略呈"S"形弯曲，北东段被白垩系红层覆盖。核部地层主要为大冶组，局部地段因风化剥蚀出露大隆组，翼部地层依次为大隆组—马平组。两翼产状总体对称，北西翼倾向为100°~140°，倾角为28°~55°；南东翼倾向为300°~340°，倾角为20°~50°。轴面近直立，为一直立等厚向斜构造。鸡公塘断裂、观音桥断裂分别平行两翼，沿马平组与大埔组的岩层接触面切割。此外，向斜两侧还发育若干由二叠系组成的次级褶皱。

2. 主要区域深大断裂

区内还存在城步-新化断裂、新宁-灰汤断裂等北东向区域性深大断裂带。这些断裂带一般具有长期的构造演化历史，控制了不同地质阶段的沉积作用和构造变形，在区域地质演化和构造变形格架的形成中扮演了重要角色。深大断裂带在该区内主要由一系列次级断裂组合而成，如城步-新化断裂带由岩口断裂、水西断裂及石桥断裂等组成，新宁-灰汤断裂由龙山庙断裂、祭旗坡断裂等组成，以下对深大断裂的区域综合地质特征及活动历史进行简单阐述。

1）城步-新化断裂带

城步-新化断裂带表现为岩石圈低阻低速带的壳幔韧性剪切带。沿断裂走向岩石圈底界西高东低，落差达 97～140km。该剪切带在地幔层次向北西西陡倾，向上与壳幔边界滑脱层及中地壳韧性滑脱层相连，从而控制地壳层次的滑脱-冲断及相关的褶皱变形。因此，该断裂的汇聚俯冲很可能为雪峰构造带构造变形的动力来源。目前资料表明，该断裂很可能为扬子陆块与钦杭结合带的构造分界。新元古代武陵运动后断裂西侧为扬子陆缘造山带——江南造山带，东侧为华南残留洋盆。武陵运动后进入区域裂谷发展阶段，南华纪、震旦纪及早古生代沉积叠覆在扬子陆缘及华南残留洋盆之上。本断裂明显控制了晚奥陶世—志留纪沉积：断裂以西，天马山组一般厚几十米至百余米，但志留系与奥陶系为近连续沉积；而断裂以东奥陶系天马山组厚度达几千米，但天马山组以上地层缺失。这种构造-岩相差异暗示以下构造活动机制：晚奥陶世区域伸展体制（仅指断裂附近区域）下断裂东侧相对西侧沉降，导致东侧天马山组厚度远大于西侧；晚奥陶世末华夏古陆向北西的推覆、扩增到达断裂东侧，受先期板块构造格局控制，城步-新化断裂带成为岩石圈汇聚带，并成为志留系的沉积边界，其东侧因挤压、抬升成山而缺失志留纪沉积，西侧则下拗沉降成为造山带前陆盆地，形成一套巨厚的类复理石沉积。沿断裂带在益阳、新化等地可见大量基性火山岩与浊积复理石建造共生，说明该断裂是一条贯穿地壳深部的大型变形构造带，可能是新元古代早期扬子被动陆缘的陆块裂解薄弱带在加里东期扬子板块与华夏板块的汇聚过程中定型的。

2）新宁-灰汤断裂带

区域上是一条规模巨大的复式断裂带，总体走向北东30°，斜贯湖南中部，北东端入湖北消失于崇阳背斜中，南西端入广西与资源断裂相接。该断裂带在湖南省内长 500km，断裂形成于加里东期，在海西期、印支期、燕山期、喜马拉雅期继续活动。整个断裂带由若干条次级断裂组成，但单条断裂规模不大，呈舒缓波状断续伸展。本断裂带具长期活动特征，对晚古生代沉积有一定控制作用。印支中、晚期断裂强烈活动，沿走向上规模扩大，南侧在越城岭又伴随有壳源重熔型花岗岩侵位。花岗岩岩体西内接触带在挤压力作用下，形成糜棱岩化花岗岩带。燕山早期断裂活动性质与前期相似。燕山晚期，断裂东盘上升，西盘相对下降，具张性正断裂性质，沿断裂西侧形成一系列北北东向的白垩纪断陷盆地，如湘阴凹陷、灰汤盆地、娄底盆地、邵阳盆地、新宁盆地等。新构造运动沿本断裂带亦有反映，沿断裂带中小地震活动较频繁。

第三节 地层划分与对比

一、泥盆系划分和对比

湘中地区的泥盆系一般以明显的角度不整合覆于前泥盆系之上,以泥质岩—碳酸盐岩沉积为主,表现为沉降幅度不等、相变显著的复杂沉积区。依据前人年代地层、岩石地层划分研究成果,结合区域调查认识,对湘中及邻区的泥盆系进行了划分和对比(表 1-3-1)。由于本区相变迅速,进行地层划分时,以典型地区岩性为代表。

表 1-3-1 湘中地区与邻区泥盆系划分对比表

系	统	地层分区					
		湘中—湘南地区				湘西北地区	鄂西地区
		新邵	新化	邵阳	安化—浏阳		
泥盆系	上统	孟公坳组	孟公坳组	孟公坳组	岳麓山组	写经寺组	写经寺组
		欧家冲组	欧家冲组	欧家冲组			
		锡矿山组	锡矿山组	锡矿山组			
		棋梓桥组	佘田桥组	佘田桥组	吴家坊组	黄家磴组	黄家磴组
			棋梓桥组	巴漆组	榴江组	棋梓桥组	云台观组	云台观组
	中统	易家湾组	易家湾组	易家湾组	易家湾组		
		跳马涧组	跳马涧组	跳马涧组	跳马涧组		
	下统	源口组	源口组	源口组			

湘中—湘南地层分区下泥盆统仅出露源口组,湘西北地层分区和鄂西地层分区下泥盆统不发育。源口组由浅紫色、紫褐色块状岩、块质砾岩、紫红色中层状泥质粉砂岩夹薄层状粉砂质泥岩组成,岩石中生物钻孔发育,角度不整合于下伏地层之上。

湘中—湘南地区中泥盆统包括跳马涧组、易家湾组、棋梓桥组,湘西北区和鄂西区缺失大部分中泥盆统,仅出露云台观组。跳马涧组以灰白色中层状细粒石英砂岩、石英砾岩为主,夹少量页岩,本组产植物、鱼类、腕足类、双壳类等化石。易家湾组毗邻跳马涧组出露,并与其整合接触,为一套潮坪-陆棚相的钙泥质夹碎屑岩沉积,其上覆地层不同区域上可为棋梓桥组、榴江组或巴漆组。上覆地层为台地相棋梓桥组时,本组下部夹较多的碎屑成分,上部则夹较多的泥晶灰岩、泥质灰岩;上覆地层为台盆相榴江组时,本组所夹灰岩明显减少,且泥质成分增高；上覆地层为巴漆组时，本组为一套陆棚相的钙泥质沉积，本组化石十分丰富，产腕足类、珊瑚、双壳类、海百合茎、层孔虫、苔藓虫、轮藻、竹节石等，尤以腕足类最为繁盛。

湘中—湘南地区新邵中上泥盆统包括跳马涧组、易家湾组、棋梓桥组、锡矿山组、欧家冲组、孟公坳组；湘中—湘南地区新化中上泥盆统包括跳马涧组、易家湾组、棋梓桥组、佘田桥组、锡矿山组、欧家冲组、孟公坳组；湘中—湘南地区邵阳中上泥盆统包括跳马涧组、易家湾组、巴漆组/榴江组、佘田桥组、锡矿山组、欧家冲组和孟公坳组；湘中—湘南地区安化—浏阳中上泥盆统包括跳马涧组、易家湾组、棋梓桥组、吴家坊组、岳麓山组。棋梓桥组整合于易家湾组之上，为一套枝状层孔虫灰岩、藻纹层云质灰岩、灰质白云岩和生物屑灰岩等台地相碳酸盐岩沉积，因所处的岩相古地理位置、沉积环境的差异，各地碳酸盐台地形成和消失的时间不一，延限的时间也有长短，故其穿时性和厚度变化十分显著。巴漆组整合于易家湾组之上，上覆地层为佘田桥组，为一套深色斜坡-台盆相含碳泥质灰岩、泥灰岩夹少量硅质岩沉积，本组产牙形刺，腕足类、珊瑚、双壳类、竹节石等。榴江组整合于易家湾组之上，与巴漆组为同时异相沉积，为一套深水台盆相深灰色、灰黑色硅质、硅泥质、炭泥质夹钙质沉积，产珊瑚、腕足类、双壳类及竹节石等化石。佘田桥组整合于下伏棋梓桥组、巴漆组或榴江组之上，为一套浅海陆棚-台间海盆相的钙泥质、砂泥质沉积。根据岩性、岩相上的差别，大致可分为台盆相区及陆棚-台缘斜坡相区，台盆相区岩性主要为灰色、灰黄色薄—中层泥灰岩、瘤状泥灰岩，中部夹钙质粉砂岩。陆棚-台缘斜坡相区主要以泥灰岩、粉砂质泥灰岩为主夹少量薄层生物屑砂屑泥晶灰岩。本组产腕足类、珊瑚、海百合茎、层孔虫及介形虫等。锡矿山组整合于棋梓桥组或佘田桥组之上，岩性以厚层灰岩为主，夹泥灰岩、泥质灰岩，富产腕足类和牙形刺化石。欧家冲组整合于锡矿山组之上，岩性以石英砂岩、粉砂岩为主，夹砂质页岩，含植物、孢子、鱼类、双壳类及腕足类化石等。孟公坳组整合于欧家冲组之上、马栏边组之下，岩性以砂页岩为主，夹灰岩和泥质灰岩，富含腕足类、珊瑚、有孔虫、牙形刺、孢子等化石。吴家坊组整合于棋梓桥组之上、岳麓山组之下，岩性以石英砂岩、粉砂岩为主，夹含砾砂岩、砂砾岩、砂质页岩，化石以植物、鱼类为主。岳麓山组整合于吴家坊组之上、尚保冲组之下，岩性以石英砂岩、粉砂岩为主，夹页岩，下部常夹鲕状赤铁矿层和泥质灰岩，产植物、双壳类及腕足类化石。

湘西北、鄂西地区中上泥盆统包括云台观组、黄家磴组、写经寺组。云台观组平行不整合于志留系的不同层位之上，整合于黄家磴组之下，为一套灰白色中至厚层块状石英砂岩、细粒石英砂岩，夹少许灰绿色泥质砂岩，产植物化石。黄家磴组整合于云台观组之上，岩性为灰绿色、黄灰色砂岩、粉砂岩、砂质页岩，夹鲕状赤铁矿或含铁砂岩，产植物和腕足类化石。写经寺组整合于黄家磴组之上，岩性为页岩、泥灰岩、灰岩、泥质灰岩夹砂岩和鲕状赤铁矿层，富含腕足类化石。

二、石炭系划分和对比

湘中地区的石炭系发育齐全，出露完好，层序清晰，古生物门类属种繁多，赋存多种沉积矿产。根据区域地层研究成果，早石炭世主要为浅海碳酸盐岩夹滨海含煤碎屑沉积，岩相变化较大；晚石炭世均为浅海碳酸盐岩沉积，岩相稳定。以前人年代地层、岩石地层划分为基础，结合区域调查认识，对湘中及邻区的石炭系进行了划分和对比（表1-3-2）。

表1-3-2 湘中地区与邻区石炭系划分对比表

系	统	地层分区		
		湘中地区	湘东地区	鄂西地区
石炭系	上统	马平组	马平组	船山组
		大埔组	大埔组	黄龙组
	下统	梓门桥组	梓门桥组	大埔组
				和州组
		测水组	樟树湾组	高骊山组
		石磴子组		
		天鹅坪组	尚保冲组	金陵组
		马栏边组		

湘中地区下石炭统对应的地层包括马栏边组、天鹅坪组、石磴子组、测水组和梓门桥组，湘东地区下石炭统对应地层包括尚保冲组、樟树湾组和梓门桥组，鄂西地区下石炭统对应金陵组、高骊山组、和州组和大埔组。马栏边组整合于下伏泥盆纪孟公坳组之上，为一套台地相碳酸盐岩沉积，以厚层灰岩为特征，本组产牙形刺、腕足类、珊瑚、有孔虫等。天鹅坪组整合于下伏马栏边组之上，为一套浅海相钙泥质夹细碎屑沉积。本组主要以灰质与钙泥质页岩组成，顶底分别由细砂—粉砂质和灰质组成，岩石中含少量碳质，本组产腕足类、珊瑚、孢粉、有孔虫等。石磴子组整合于天鹅坪组之上，岩性以厚层灰岩为主，夹页岩、泥灰岩，富产珊瑚、腕足类、有孔虫等。测水组整合于石磴子组之上，岩性以石英砂岩、粉砂岩为主，夹黑色页岩和无烟煤层，富产植物和少量珊瑚、腕足类等。梓门桥组整合于测水组之上，岩性为含燧石团块和条带的中—厚层灰岩夹泥灰岩、页岩，富产珊瑚、腕足类、蜓类、牙形刺、苔藓虫等。尚保冲组整合于岳麓山组之上、樟树湾组之下，岩性为页岩、砂质页岩、泥灰岩夹粉砂岩和少量灰岩、泥质灰岩，富产腕足类和少量苔藓虫、海百合茎等。金陵组整合于写经寺组之上，为灰色、灰黑色中厚层状微晶生物灰岩，产腕足类、珊瑚、牙形刺等。樟树湾组整合于尚保冲组之上、梓门桥组之下，岩性为石英砂岩、粉砂岩夹砾岩、砂质页岩，局部夹劣质煤层，富产植物化石。高骊山组整合于金陵组之上，岩性以深灰色、灰黑色或黄绿色、紫红色页岩、碳质页岩、粉砂岩、石英砂岩为主，时夹煤线及菱铁矿结核，偶夹灰岩透镜体，本组富产植物、腕

足类和牙形刺等化石。和州组整合于高骊山组之上,按岩性可分为上下两段,下段为灰岩段,以含泥质生物灰岩为主,上段为碎屑岩段,以泥岩、粉砂岩及石英砂岩为主,本组富含珊瑚、腕足类、有孔虫、蜓类、牙形刺及介形类等化石。

湘中地区和湘东地区上石炭统对应梓门桥组、大埔组、马平组。湘中和湘东地区大埔组整合于梓门桥组之上、马平组之下,与鄂西地区大埔组和黄龙组为同时异相沉积,岩性以厚层—块状白云岩、灰质白云岩为主,夹少量白云质灰岩、灰岩,本组化石不多,主要产蜓类、有孔虫、牙形刺、珊瑚等。马平组整合于大埔组之上,与船山组为同时异相沉积,为一跨石炭纪—二叠纪地层单位,以浅灰色厚—巨厚层灰岩为主,夹少量白云质灰岩、白云岩,本组产蜓类、有孔虫、珊瑚等化石。鄂西地区大埔组整合于和州组之上、黄龙组之下,仅相当于湘中和湘东地区大埔组下部对应地层,岩性以白云岩为主,夹灰质白云岩或白云质灰岩,本组化石较稀少,产少量有孔虫、蜓类、珊瑚等化石。黄龙组整合于下伏大埔组之上,岩性主要为浅灰色、灰白色块状灰岩、生屑灰岩,局部夹白云质灰岩、石英砂岩透镜体,本组富含有孔虫、蜓类、腕足类、珊瑚等化石。船山组整合于黄龙组之上,与马平组为同时异相沉积,岩性为核形石球状灰岩,富含蜓类、珊瑚等化石。

三、二叠系划分和对比

湘中地区的二叠系化石非常丰富,为一套浅海相碳酸盐岩、硅质及含煤碎屑沉积。以前人年代地层、岩石地层划分为基础,结合区域调查认识,对湘中及邻区的二叠系进行了划分和对比(表1-3-3)。

表1-3-3 湘中地区与邻区二叠系划分对比表

系	统	地层分区			
		湘中地区	湘西北地区	鄂西地区	
				利川	建始
二叠系	乐平统	大隆组	大隆组	长兴组	大隆组
		龙潭组	吴家坪组	吴家坪组	下窑组
	瓜德鲁普统		龙潭组	龙潭组	龙潭组
		茅口组 孤峰组	茅口组	茅口组	孤峰组
		茅口组 小江边组			茅口组
	乌拉尔统	栖霞组	栖霞组	栖霞组	栖霞组
		马平组	梁山组		
			马平组		

湘中地区乌拉尔统包括马平组、栖霞组，湘西北地区乌拉尔统包括马平组、梁山组、栖霞组，鄂西地区乌拉尔统仅包含栖霞组，缺失乌拉尔统下部地层。马平组为跨石炭系和二叠系地层单元，其整合于下伏大埔组之上，上覆地层为二叠系乌拉尔统梁山组或栖霞组，为一套开阔台地-半局限台地相碳酸盐岩沉积。梁山组仅见于涟源—安平—田坪一线以西，整合于下伏马平组之上，为一套沼泽相的碎屑岩夹炭泥质、钙质沉积，厚度较小。栖霞组整合于下伏马平组或梁山组之上，为一套浅海相碳酸盐岩夹泥页岩，碳酸盐岩一般以含燧石团块泥晶灰岩、生物屑泥晶灰岩为主，本组富含浅海底栖生物，有珊瑚、腕足类、棘皮、双壳、苔藓虫、三叶虫、有孔虫、䗴类、介形虫、藻类等。

湘中地区瓜德鲁普统包括小江边组、孤峰组和龙潭组下部，湘西北地区瓜德鲁普统包括茅口组、龙潭组，鄂西利川地区瓜德鲁普统包括茅口组、龙潭组，鄂西建始地区瓜德鲁普统包括茅口组、孤峰组、龙潭组。茅口组出露于涟源凹陷新化—娄底一线，为一套开阔台地相碳酸盐岩，以生物屑泥粉晶灰岩、泥晶灰岩为主，根据硅质的含量变化分为下部含硅质段、上部灰岩段，本组化石丰富：下部以腕足类为主，伴有珊瑚、牙形刺，极少见䗴；上部䗴类大量出现，腕足类、珊瑚有增无减。小江边组整合于栖霞组之上、孤峰组之下，以含碳质泥岩、钙质泥岩为主，夹灰岩、硅质岩沉积，产菊石、腕足类化石。孤峰组整合于小江边组或茅口组之上，岩性以褐黑色薄至中层状含铁锰质泥质硅质岩、硅质岩、钙质硅质岩为主。本组与涟源凹陷的茅口组为同期异相沉积，所含化石主要为菊石、牙形刺、腕足类、双壳类等。龙潭组与下伏孤峰组或茅口组呈整合接触关系，岩性为灰色厚层夹薄至中层状细粒长石石英砂岩—细砂粉砂岩、砂质页岩、泥岩，局部夹碳质页岩及劣质煤线。本组富产植物化石。

湘中地区乐平统包括龙潭组、大隆组，湘西北地区乐平统包括吴家坪组、大隆组，鄂西利川地区乐平统包括吴家坪组、长兴组，鄂西建始地区乐平统包括下窑组、大隆组。吴家坪组整合于龙潭组之上，为一套台盆相碳酸盐岩夹硅质沉积，为深灰色薄—中层状泥晶灰岩夹大量的燧石条带，产䗴类、腕足类等。长兴组以大套浅灰色、灰色灰岩、白云岩为沉积特征，与大隆组为同时异相沉积，水体相对较浅，属于台地相沉积。下窑组为吴家坪组同时异相沉积，为深灰色—灰色含硅质条带、硅质团块泥灰岩、生物屑粒泥灰岩、泥晶生物屑灰岩，相比吴家坪组泥质含量明显增多。大隆组整合于龙潭组、吴家坪组或下窑组之上，与长兴组为同时异相沉积，岩性以深灰色—灰黑色薄层为主夹中层硅质岩、含铁锰质泥质硅质岩，含粉砂泥质硅质岩为主夹厚层泥晶泥质灰岩和粉砂质黏土。本组富产菊石、双壳类和腕足类等。

第二章 富有机质泥页岩沉积相及岩相古地理

第一节 沉积相类型及特征

一、岩石类型及特征

在湘中坳陷区域地质调查、钻井资料和野外露头资料沉积分析的基础上,对湘中坳陷泥盆系佘田桥组、石炭系测水组、二叠系龙潭组进行了岩石相分析、沉积相划分。

(一)岩石类型

湘中坳陷上古生界野外露头、钻孔岩芯、岩屑录井资料分析结果显示研究区岩石类型多样,沉积构造、颜色丰富,所形成的岩石类型较多,包括泥岩、砂岩、碳酸盐岩三大岩石类型。其中,泥岩类有泥岩、页岩、碳质泥岩、钙质泥岩、粉砂质泥岩、硅质泥岩、煤7种;砂岩类有含砾粗砂岩、粗砂岩、中砂岩、细砂岩、粉砂岩5种;碳酸盐岩有白云岩、灰岩、泥质灰岩、泥质条带灰岩、泥灰岩等(表2-1-1)。湘中坳陷上古生界富有机质页岩层系主要发育于泥盆系佘田桥组、石炭系测水组及二叠系龙潭组,其中页岩主要以灰黑色泥页岩形式产出,局部可见粉砂质、硅质、泥质粉砂质、碳酸盐岩夹层。不同层位在不同地区由于沉积环境的差异,泥页岩层颜色、厚度、岩性组成等具有明显不同,进而发育不同的岩石组合类型。

(二)主要层段岩石类型发育特征

1. 佘田桥组

佘田桥组主要以钙泥质、砂泥质沉积为主,在区域上因沉积环境的差异,进而形成不同的岩性序列。佘田桥组主要可划分为台盆相区岩性组合序列和陆棚—台缘斜坡相区岩性组合序列(图2-1-1)。

表 2-1-1 湘中坳陷上古生界页岩层系主要岩石类型及发育层位

岩石类型		岩性描述	沉积环境解释	主要发育层位
泥岩类	泥岩	灰黑色—深灰色,含碳化植物碎片,具水平层理	潟湖、陆棚、沼泽	佘田桥组、测水组、龙潭组
	页岩	深灰色、灰黑色,页理发育,单层厚度薄	陆棚、台间盆地、潟湖、沼泽、潮坪	佘田桥组、测水组、龙潭组
	碳质泥岩	灰黑色,水平层理较发育,污手,易风化	潟湖、沼泽、深水陆棚、台间盆地	佘田桥组、测水组、龙潭组
	钙质泥岩	深灰色,水平层理发育,较一般页岩硬度大	台间盆地、潮坪、陆棚	佘田桥组、测水组、龙潭组
	粉砂质泥岩	具水平层理,薄片状结构,平行层理	潟湖、潮上泥坪	佘田桥组、测水组、龙潭组
	硅质泥岩	灰黑色—深灰色,硬度大	台间盆地	佘田桥组
	煤	煤层结构简单,灰分、硫分含量较高	沼泽	测水组、龙潭组
砂岩类	含砾粗砂岩	灰色,槽状交错层理,见植物碎片化石	砂坝、潮道	测水组、龙潭组
	粗砂岩	灰色,块状层理、槽状交错层理	障壁岛	测水组、龙潭组
	中砂岩	通常为正粒序,含植物碎片化石	潮道、障壁岛	测水组、龙潭组
	细砂岩	小型斜层理及缓波状层理,含少量植物化石碎片	潮道、障壁岛	测水组、龙潭组
	粉砂岩	大型板状交错层理砂岩,时有冲刷面	潮坪、台间盆地	测水组、龙潭组、佘田桥组
碳酸盐岩类	灰岩	灰色,中厚层状,含腕足类、头足类、腹足类化石	碳酸盐陆棚	佘田桥组、测水组
	泥质灰岩	灰色、深灰色,呈薄层状或透镜状产出	碳酸盐陆棚、台缘斜坡	佘田桥组
	泥灰岩	灰色、深灰色,块状,方解石脉较发育	台间盆地、潮坪	佘田桥组
	泥质条带灰岩	深灰色、灰色,呈薄层状、透镜状	台缘斜坡	佘田桥组
	白云岩	灰色、灰白色,中厚层状,滴稀盐酸不起泡,风化面常见刀砍纹,局部可见生物化石碎片	碳酸盐台地	佘田桥组
硅质岩类	硅质岩	深灰色、灰色,硬度大,破碎呈棱角状	台间盆地	佘田桥组

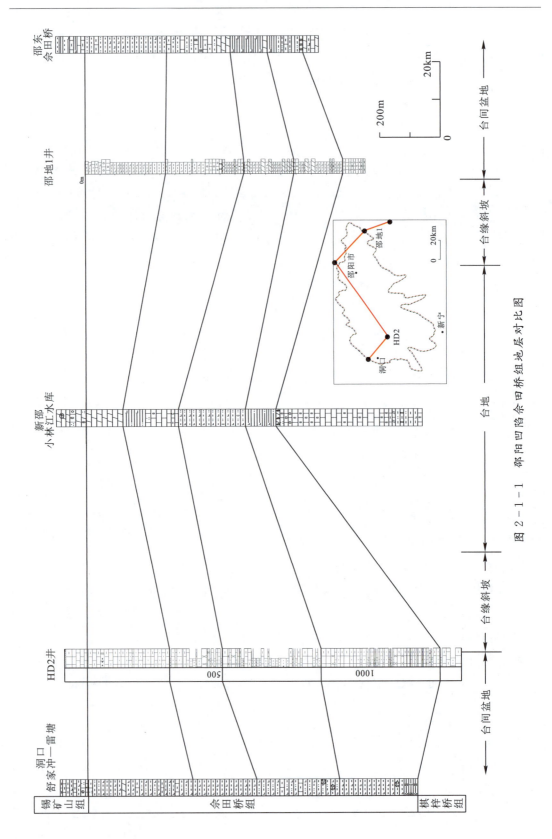

图2-1-1 邵阳凹陷佘田桥组地层对比图

台盆相区下部主要为灰色、灰黄色薄—中层状泥灰岩,夹少量泥质灰岩和粉砂质泥灰岩,偶夹串珠状泥质灰岩和泥晶灰岩透镜体,发育水平层理、透镜状层理,属台盆沉积;中部主要为灰色、灰黄色薄—中层状钙质粉砂岩、砂质泥灰岩夹少量泥灰岩和中厚层状砂质泥晶灰岩、砂质泥质灰岩,以水平层理为主,局部见透镜状层理;上部主要为深灰色、灰黑色薄层状泥灰岩,偶夹瘤状泥灰岩及少量泥质灰岩;顶部为不稳定的中厚层状泥晶灰岩或泥质灰岩,呈透镜状产出。

陆棚-台缘斜坡相区主要以泥灰岩、粉砂质泥灰岩为主,夹少量薄层生物碎屑泥晶灰岩。其中,中下部主要为灰色、灰绿色薄层状泥灰岩、粉砂质泥灰岩,夹钙质石英粉砂岩、瘤状泥质灰岩、泥晶灰岩,发育脉状、透镜状、波状层理,局部见滑塌构造及底冲刷构造;上部为灰色、灰绿色泥灰岩夹泥晶灰岩、粉晶云质灰岩(图2-1-2)。由以上特征可知本组主要发育台地-台缘斜坡沉积。

a. 灰黑色泥岩中发育的顺层分布钙质泥岩结核;b. 底部灰黑色含钙质泥岩;c. 下部灰黑色含钙质泥岩中见灰岩透镜体;d. 薄层状褐色硅质岩,局部见星点状黄铁矿。

图2-1-2 湖南洞口县花园镇佘田桥组剖面野外露头特征

2. 测水组

测水组据岩性发育不同,主要可分为上段和下段。上段由灰白色石英砂岩、砂质砾岩、灰色粉砂岩、页岩、叠层石灰岩、叠层石白云岩、生屑石灰岩和砂质鲕粒灰岩等组成,区域上测水组上段下部局部含1~2层薄层劣质煤;下段由灰色、灰白色石英砂岩、灰黑色粉砂岩和泥岩组成(图2-1-3)。

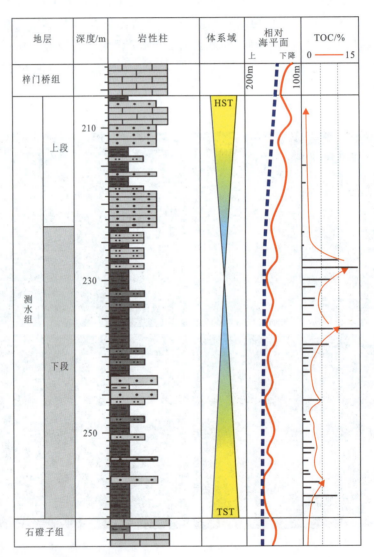

图2-1-3 邵阳凹陷2015HQ2井综合地层柱状图

注:TOC为总有机碳含量;TST为海侵体系;HST为高位体系域。

测水组下段沉积物粒度相对较细,主要为细砂岩与粉砂岩、碳质泥岩及暗色泥岩互层,细砂岩在剖面上常呈透镜状,发育小—中型槽状交错层理,形成于典型的牵引流沉积环境;

部分碳质泥岩中含 *Adiantites* sp.，*Sublepidodendron* sp.，*Taeniocrada* sp.、*Cordaites* sp.等植物化石；部分暗色泥岩发育水平层理，层内缺少蕨类等陆生植物化石，常含薄层粉砂岩或泥质粉砂岩夹层，局部见菱铁矿夹层，其沉积期应为较安静的潟湖环境（图 2-1-4）。

图 2-1-4　湘涟页 1 井测水组砂岩中菱铁矿夹层

测水组上部以厚层细砾岩或含砾石英砂岩为特征，该套含砾石层多与下伏碳质泥岩呈冲刷接触（图 2-1-5）。值得注意的是砾石直径自东北向西南有逐渐减小的趋势，岩性也由砾岩逐渐向砂质砾岩和含砾砂岩过渡：在涟源凹陷东北部，如仙洞剖面，砾岩中砾石直径在 10mm 以上，而向西南方向，如双龙村剖面，含砾砂岩中砾石直径明显减小至数个毫米（图 2-1-5）。砾岩或含砾砂岩中可见正粒序、楔状交错层理及槽状交错层理等层理构造，砾石磨圆一般而分选较好，砾石成分较为单一，通常解释为潮道底部沉积（图 2-1-6—图 2-1-8）。

3. 龙潭组

龙潭组在湘中坳陷地区发育齐全、地层厚度大，依据岩性变化可划分为上、下两段，下段基本不含煤，上段下部是龙潭组主要含煤段。下段由深灰色、灰褐色、灰绿色细粒石英砂岩、长石石英砂岩、粉砂岩、粉砂质页岩、黑色页岩、碳质页岩等组成，常含较多的菱铁质结核和条带。在邵阳短陂桥、邵东两市塘、牛马司、涟源观山、醴陵大障、攸县兰村及黄丰桥等地均含薄层灰岩或泥灰岩透镜体。本段顶部的砂质页岩或页岩中，含丰富的菱铁矿结核，结核具方解石脉、石英脉，俗称"龟形结核泥岩"，并产腹足类动物化石且为黄铁矿交代（被称为"金螺"），此特征十分明显，是龙潭组上、下段分界的重要标志。上段是湖南省内最重要的含煤地层，由长石石英砂岩、细粒石英砂岩、碳质泥岩、砂质泥岩、粉砂质泥岩及煤层组成（图 2-1-9，图 2-1-10）。

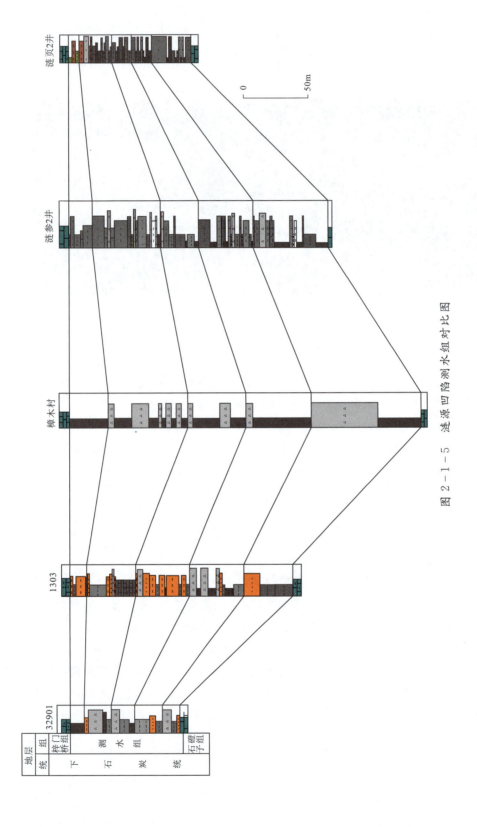

图 2-1-5 涟源凹陷测水组对比图

a. 细粒石英砂岩,发育槽状交错层理;b. 厚层石英砂岩。

图 2-1-6 涟源樟木村测水组沉积特征

a. 细粒石英砂岩,砂体呈透镜状,发育槽状交错层理;b. 灰黑色碳质泥岩。

图 2-1-7 涟源清桥村测水组沉积特征

a. 石英岩质细砾岩与下伏灰黑色泥炭冲刷接触(双龙村);b. 灰色碳质页岩,发育水平层理(乱古岩)。

图 2-1-8 涟源双龙村及乱古岩测水组沉积特征

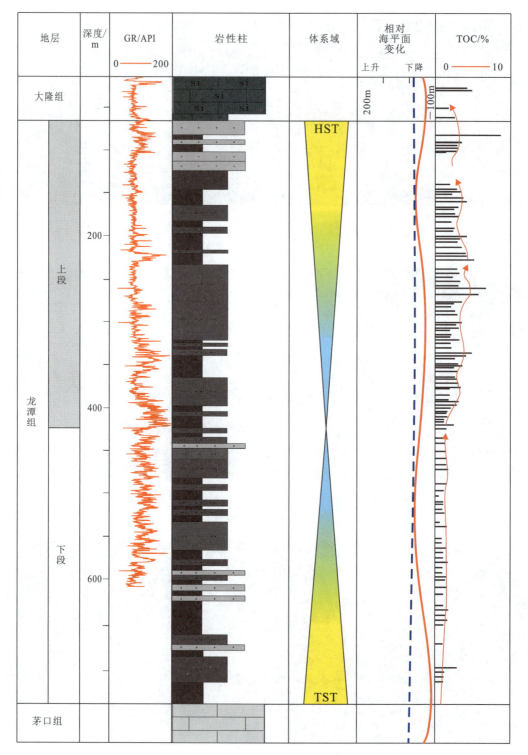

图 2-1-9 2015HD3 井龙潭组地层综合柱状图

注:GR 为自然伽马。

第二章 富有机质泥页岩沉积相及岩相古地理

a. 龙潭组灰黑色泥岩夹灰白色薄层细砂岩;b. 龙潭组灰黑色泥质粉砂岩底部重荷模构造;c. 龙潭组灰色中层状粗砂岩,见槽状交错层理;d. 龙潭组灰白色石英砂岩与上部灰黑色碳质泥岩接触;e. 龙潭组黑色煤层;f. 龙潭组灰黑色碳质泥岩。

图 2-1-10 邵阳县江冲龙潭组典型照片

二、沉积相划分及特征

根据岩石类型、沉积结构、沉积构造、古生物化石、地层序列等的综合分析,在研究区共识别出 5 种沉积相及相应沉积亚相、沉积微相类型。其中佘田桥组主要发育台缘斜坡相、台间盆地相、台地相,构成了陆表海环境下碳酸盐台地和台盆相间的沉积格局。测水组含煤岩系主要发育碎屑滨岸相和碎屑陆棚相等,包括潮坪、障壁岛-潟湖、深水陆棚、浅水陆棚等沉积,成煤环境主要为泥炭沼泽。龙潭组主要为形成于稳定大陆边缘构造背景下的碎屑滨岸及碎屑陆棚沉积。主要的沉积相、沉积亚相和沉积微相类型划分如表2-1-2所示。

表2-1-2 主要沉积相类型及其划分

沉积相	沉积亚相	沉积微相
碎屑陆棚	浅水陆棚	砂质陆棚、砂泥质陆棚、泥质陆棚、混积陆棚
	深水陆棚	炭泥质陆棚、硅质陆棚
碎屑滨岸	障壁岛-潟湖	障壁沙坝、潮道
	潟湖	潟湖
	沼泽	沼泽
	潮坪	潮上带、潮间带、潮下带
碳酸盐陆棚（台地）	开阔台地	潮下灰岩
	局限台地	潮坪、潟湖
台缘斜坡	上斜坡	上斜坡
	下斜坡	下斜坡
台间盆地	硅质盆地	硅质盆地
	泥质盆地	泥质盆地

（一）碎屑陆棚相

碎屑陆棚相包括浅水陆棚亚相和深水陆棚亚相，主要包括砂质陆棚、砂泥质陆棚、泥质陆棚、混积陆棚、炭泥质陆棚、硅质陆棚微相。碎屑陆棚相分布范围从下临滨（深度约5m）到海平面以下平均约200m的大陆斜坡坡折处。

碎屑陆棚相主要以陆源碎屑沉积为主，受到海洋波浪、潮汐和风暴等作用，泥质沉积物代表了悬浮物的缓慢沉积，并受生物所改造，局部可含砂质碎屑沉积。浅水陆棚亚相在区内广泛发育，而深水陆棚相对不发育。浅水陆棚亚相在障壁沙坝向广海一侧是位于正常浪基面之下滨外陆棚环境。浅水陆棚区局部为碳酸盐岩与碎屑岩均衡沉积区域，表现为混积陆棚亚相特征，前积沉积现象发育较少并逐渐消失。由于混积陆棚亚相属于碳酸盐岩与碎屑岩混积，因此存在此退彼进的沉积现象和内源碳酸盐岩与外源碎屑岩等时指状穿插沉积现象。浅水陆棚在测水组和龙潭组中广泛发育，在测水组沉积物以含动物化石的泥岩和粉砂岩为主（图2-1-11），含有 *Chondrites* 等属的痕迹化石。这种沉积在测水组上段海进障壁沙坝的顶部和海退障壁沙坝的底部出现，厚度一般较小。风暴沉积可在这种环境下出现，以发育丘状交错层理的粉砂岩和细粒石英砂岩为特征。在测水组上段出现的几层碳酸盐岩中，有一些是由生屑和灰泥物质构成的生屑颗粒质泥岩，它们是浅水混积陆棚亚相的代表。

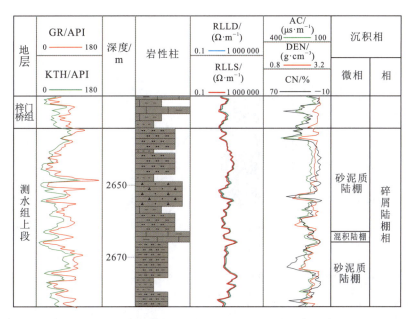

图 2-1-11 湘涟页 1 井测水组上段碎屑陆棚相沉积序列
注:KTH 为无铀伽马;RLLD 为深侧向电阻率;RLLS 为浅侧向电阻率;AC 为声波时差;DEN 为密度;CN 为中子。

(二)碎屑滨岸相

碎屑滨岸相是指不包括三角洲在内的,由浪基面向上衍生到冲积海岸平原、阶地、陡岸边缘的这样一个狭窄的高能过渡环境。碎屑滨岸相主要包括障壁岛、潟湖、沼泽和潮坪亚相。障壁岛亚相主要包括障壁沙坝、潮道微相。其中成煤环境为泥炭沼泽。潮坪亚相主要发育于靠近大陆或离岸碳酸盐台地高地部位,主要受潮汐作用影响,介于最低低潮线和最高高潮线之间。

1. 障壁岛亚相

障壁岛亚相主要包括障壁沙坝、潮道等微相。障壁沙坝主要可见于测水组下段,以中细粒石英砂岩、含砾石英砂岩及砾岩为主(图 2-1-12)。岩石呈厚—巨厚层状产出,横向分布较为稳定,砂体形态多呈席状或宽的带状。发育冲洗交错层理、浪成波痕、雨痕以及"气泡砂"构造等,Skolithos 痕迹化石也较常见。

根据沉积序列特征可将本区障壁沙坝分为两种类型:一种是向上变细、变薄的海进障壁沙坝序列;另一种是向上变粗、变厚的海退障壁沙坝序列。向上变细、变薄的沉积序列的最底部以潮道相砾岩、砂质砾岩和中粗粒石英砂岩为代表,发育冲刷面、大型板状交错层理和大型槽状交错层理,岩体形态明显为叠置的透镜体;向上过渡为前滨和上临滨的砂质砾岩和

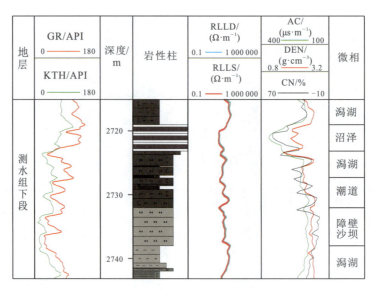

图 2-1-12 湘涟页 1 井测水组碎屑滨岸相沉积特征

石英砂岩,发育典型的低角度海滩交错层理-冲洗交错层理;再向上则是薄层状细粒石英砂岩和石英粉砂岩,并有极薄层的泥岩夹层,发育沙纹交错层理,这些显然是下临滨的环境特征(图 2-1-13);最上部是以含动物化石的泥岩为代表的滨外泥质陆棚(远滨)相。所含动物化石有双壳类、腕足类以及腹足类等。上述沉积构成向上变薄和变细的序列,它是水体变深过程中的沉积,其底部砾石质潮道为海进初期的产物。潮道沉积的下伏沉积物一般为潟湖相泥岩和球粒状菱铁矿层以及潮坪相粉砂岩层,这些沉积物常被潮道冲刷。向上变粗变厚的海退障壁沙坝序列发育于测水组,以向上变粗、变厚的序列为特征,序列下部为滨外泥质陆棚(远滨)相的灰黑色泥岩和下临滨相的薄层状粉砂岩和细砂岩,上部为上临滨和前滨相的厚到巨厚层状石英砂岩。有时有潮道沉积与之共生,共生的潮道一般为比较直的潮道,其特征是发育倾斜层比较平直的纵向交错层理。海退障壁沙坝砂体形态一般为席状,厚度比较稳定。它是海面下降或海面稳定期障壁沙坝向广海方向推进而成的。这一序列往往有风暴沉积共生。

潮道包括发育于障壁岛之中的连接潟湖和外海的入潮口及发育于潟湖和潮坪中的潮沟等(图 2-1-13b)。潮道沉积一般呈透镜状产出,厚度数米到十余米,横向宽约数百米,其典型特征是砂体底部发育冲刷面,砂岩粒度向上总体变细,发育大型潮道侧向迁移交错层理,即纵向交错层理。测水组下段潮道砂岩的这种层理一般为曲流潮道形成,其特征是纵向交错层理的倾斜层是向下弯曲的而且延伸不远,是金竹山煤矿测水组下段五煤层和三煤层之间的潮道砂岩,可见这种纵向交错层理,共生的还有流水波痕、大型双向交错层理、树干化石、泥砾和泥质团块以及冲刷面等。测水组上段的潮道砂岩以中细粒石英砂岩为代表,发育的纵向交错层理的倾斜层比较直,无向下弯曲现象。这种层理为比较平直的潮道的特征

a. 浅灰色块状石英砂岩;b. 灰白色石英砂岩。

图 2-1-13 涟源凹陷湘涟页 1 井测水组障壁沙坝和潮道沉积特征

(Reineck et al.,1973),并且常在入潮口沉积中发育。这种潮道砂岩在银溪剖面测水组上段广泛发育。测水组上段底部砂砾岩中的潮道沉积常为含砾石英砂岩或砾岩,结构成熟度和成分成熟度都较高,可见到板状交错原理、槽状交错层理和上述比较直的纵向交错层理以及双向交错层理,为入潮口潮道沉积。

2. 潟湖亚相

潟湖以黑色粉砂质泥岩、泥质粉砂岩及泥岩为主,见较丰富的植物化石(图 2-1-14),局部层段发育煤系、水平状纹层,有时可见强烈的生物扰动构造,尤以 Chondrites 痕迹化石发育,该痕迹化石常使原始水平纹层被扰乱而形成所谓的"皱纹状层理"。菱铁矿夹层和菱铁质结核在潟湖沉积中常见(图 2-1-15)。一般高岭石在中性—酸性条件下形成,而蒙脱石、伊利石和绿泥石则在碱性条件下形成。测水组中高岭石含量高,而伊利石、绿泥石含量

a. 灰黑色泥岩,见植物碎屑发育;b. 灰黑色粉砂质泥岩,见大量植物碎屑。

图 2-1-14 湘涟页 1 井测水组潟湖沉积特征

少,说明当时盆地中的介质呈中性—酸性,为离陆地比较近的淡水潟湖-沼泽沉积。底部及顶部,高岭石含量少,伊利石及绿泥石含量高,说明介质呈碱性,为受海洋影响较大的潟湖沉积。

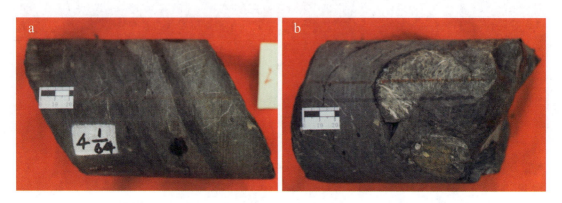

a. 灰黑色泥岩夹薄层菱铁矿;b. 灰黑色泥岩见菱铁矿结核。

图 2-1-15　湘涟页 1 井测水组菱铁矿夹层与菱铁矿结核沉积

3)沼泽亚相

泥炭或煤层在测水组和龙潭组中可见,主要形成于沼泽环境(图 2-1-16)。测水组中的煤层以低灰低硫为特征,煤层横向分布比较广泛,尤其是区内主要可采煤层三煤层和五煤层,在涟源地区以及邵阳地区大部分地段都有分布。这些煤层的基底多是潟湖相泥岩或潮坪相粉砂岩,前人曾论述过测水组成煤模式有障壁后成煤、潟湖淤浅成煤以及潮坪成煤等三种类型。

图 2-1-16　湘涟页 1 井测水组泥炭沼泽中的煤系沉积(部分沥青化)

第一种是障壁沙坝朝陆一侧的斜坡地带发育的沼泽,此种沼泽中形成的煤层一般较薄,横向上不连续,常为劣质煤或碳质泥岩,以测水组上段下部的"反龙炭"层为代表,煤层中硫分较高,黄铁矿含量可达 4%~5%。第二种是由潟湖淤浅形成的沼泽,所形成的煤层厚,但厚度变化幅度大,有时在短距离内即行尖灭和分叉,以研究区五煤层为代表,其全硫含量在 0.5%~3.0%之间,变化幅度较大,但一般较低。第三种类型是发育于潟湖朝陆一侧广阔平缓的潮间带的沼泽,其煤层亦较厚,且厚度较为稳定,其全硫含量在 1%~5.3%之间。

在涟源金竹山矿区,由潟湖淤浅而成的五煤层硫分含量在 0.7%~1.56%之间,以潮坪为基底的四煤层、三煤层和二煤层,其硫分含量分别在 0.4%~0.65%、0.5%~1.2%和 0.5%~1.5%之间。同时,金竹山矿区各煤层硫分还显示出向上增高的趋势,这说明在沼泽演化过程中受海水影响逐渐增强,后者与海平面抬升速度逐渐加快有关。

4. 潮坪亚相

研究区内潮坪亚相主要发育在陆棚上离岸隆起部位。潮坪在新邵县小林江水库周边佘田桥组剖面广泛发育,其中可见佘田桥组底部发育泥坪沉积,岩性主要由钙质泥岩、钙质泥质粉砂岩不等厚互层组成,该层内波状层理、脉状层理及透镜状层理发育;向上过渡为混合坪,指示海平面上升、碳酸盐隆起高地收缩,岩性主要由钙质泥质粉砂岩,局部夹泥岩构成。剖面中佘田桥组顶部发育碳酸盐台地内碳酸盐潮坪,岩性主要由灰色泥灰岩、灰岩组成。测水组潮坪亚相以粉砂岩为主,发育砂泥薄互层层理(图 2-1-17),在薄层细粒石英砂岩内可见到双黏土层构造和潮汐束状体。可见到干涉波痕、削顶波痕和双脊波痕等,潮坪沉积中的痕迹化石主要有 *Lockeia* 和 *Fucusopsis*。碎屑岩潮坪主要发育于测水组下段五煤层以上,尤以三煤层以上层段最发育。

图 2-1-17 湘涟页 1 井测水组潮坪相砂质互层沉积

(三)碳酸盐陆棚(台地)相

碳酸盐陆棚(台地)主要指具有水平的顶和较为陡峭的陆架边缘的碳酸盐沉积区,该区域常发育连续厚层的碳酸盐岩。该沉积相类型在佘田桥组广泛发育,在测水组、龙潭组较少发育。

碳酸盐陆棚(台地)相在佘田桥组广泛发育,可分为局限台地相和开阔台地相。其中,局限台地相位于正常浪基面之下和水深 200m 之间,该环境水体循环往往受到一定限制,整体上水体较为安静,阳光较充足,水体含有较为充足的氧气,在研究区内其岩性主要由深灰色泥质灰岩、钙质泥岩组成,中到厚层状,生物化石少见,主要发育于佘田桥组上部,内部层理不明显,主要为水平层理(图2-1-18)。开阔台地相发育于正常浪基面以下,水体具有良好循环条件,发育相对富氧环境,研究区内该沉积相主要发育于台间盆地之间,在新邵小林江水库剖面周边佘田桥组中上部可见,岩性主要为灰色含生屑泥晶灰岩,中厚—薄层状,主要发育水平层理。

a. 灰色块状泥质灰岩;b. 深灰色块状中厚层灰岩;c. 浅灰色厚层灰岩,见缝合线、方解石脉发育。

图2-1-18 邵阳凹陷2015HD2井佘田桥组台地相典型沉积特征

测水组顶部可见局部碳酸盐陆棚(台地)相发育,是在陆源碎屑沉积向碳酸盐岩沉积过渡的海进过程中形成的混积陆棚相。随着海平面的波动,混合作用就沿着陆源碎屑与碳酸盐沉积区边界发生,生物的生态在混合沉积物中常常得到反映。

(四)台缘斜坡相

台缘斜坡为发育在碳酸盐台地边缘的较陡斜坡,其形成主要受区域内局部断裂构造活动控制,研究区内在佘田桥组中广泛发育。它的岩性主要以深灰色—灰色泥页岩、泥质条带灰岩、瘤状灰岩互层为主(图2-1-19)。其中,泥质条带灰岩单层厚度为10~20cm,泥页岩厚度为20~40cm,发育由于斜坡不稳定活动造成的台地边缘灰岩滑塌滚动形成的灰岩透镜体或瘤状灰岩,灰岩中广泛可见腕足类、珊瑚类等生物碎屑,呈破碎状不规则分布,指示斜坡不稳定构造背景下滑塌作用的广泛发育,同时指示碳酸盐台地边缘生物礁、滩的存在。泥岩中可见黄铁矿集合体发育,指示局部发育还原环境。

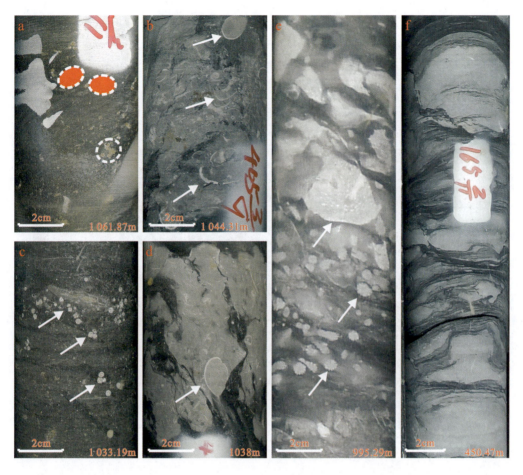

a. 深灰色泥岩中发育良好的自形黄铁矿；b. 深灰色灰岩夹少量灰黑色泥质沉积，见大量腕足类生物化石碎片发育；c. 深灰色—灰黑色泥岩中发育的分散点状珊瑚类生物化石碎片；d. 灰黑色泥岩夹破碎状灰岩中发育的体形较完整腕足类生物化石碎片；e. 深灰色—灰黑色泥岩夹瘤状—透镜状灰岩中发育的大量珊瑚类生物化石碎片；f. 深灰色瘤状泥灰岩与灰黑色泥岩互层。

图 2-1-19 邵阳凹陷佘田桥组台缘斜坡相典型沉积特征

（五）台间盆地相

台间盆地为发育在碳酸盐台地或陆棚内的相对深水凹陷的沉积，其主要形成于因断裂活动形成的裂陷盆地或凹槽内，多呈长条状展布，水深数十米至几百米不等。研究区内台间盆地主要发育于佘田桥组沉积时期。台盆内通常水体较深、沉积物具有颗粒细、色暗、层薄等特点，由于阳光和氧气不足，藻类绝迹、底栖生物大量减少，主要以浮游生物、游泳类生物为主（刘路，1979；李酉兴，1987）。自台缘斜坡端部向盆地内部进一步可分为碳酸盐岩盆地区和泥页岩盆地区。在泥岩岩芯中可见竹节石呈薄层状密集分布，保存完整，无破碎和磨损,表明是水体较深的静水环境(张金鉴,1986;李酉兴,1987)(图2-1-20a),局部可见瘤状灰岩透镜状杂乱分布,其中偶见夹腕足类化石不规则分布(图2-1-20b),指示偶发性的碳酸盐斜坡滑塌作用扰动。局部见透镜体状黄铁矿结核顺层分布(图2-1-20c),反映黄铁矿良好的自生长条件,指示稳定还原环境。碳酸盐岩盆地相在HD2井中段明显可见,岩性主要为深灰色厚层泥质灰岩、泥质条带灰岩夹暗色薄层灰质泥页岩等;泥页岩盆地区在洞口地区明显发育,岩性主要由硅质泥页岩、含钙质泥页岩组成,偶见灰岩透镜体发育。

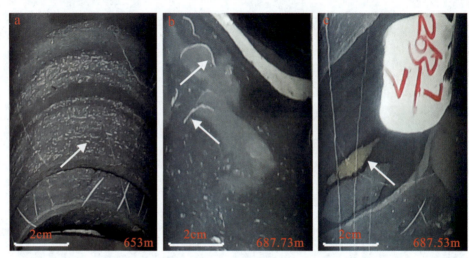

a. 灰黑色钙质泥岩中发育的大量竹节石化石;b. 灰黑色钙质泥岩夹透镜状灰岩中发育的腕足类生物化石碎片;c. 灰黑色钙质泥岩中发育的沿层分布透镜状黄铁矿结核。

图2-1-20 湘中坳陷佘田桥组台间盆地相典型沉积特征

第二节 典型剖面(井)沉积相分析

一、泥盆系佘田桥组典型剖面(井)沉积相分析

(一)湘新页1井

湘新页1井钻遇完整的佘田桥组地层,井段1109～2567m,厚度为1458m,结合岩性和电性特征可将泥盆系佘田桥组地层划分为上、中、下三段(图2-2-1):佘田桥组上段深度为1 109.0～1 508.0m,以一套灰绿色钙质泥岩为佘田桥组顶界标志,岩性以钙质泥岩为主,厚度为399m,碳酸盐含量为30%～50%;佘田桥组中段深度为1 508.0～2 103.0m,厚度为595m,以泥灰岩为主,碳酸盐含量为50%～80%,中部夹一段较纯泥岩,厚度为120m,碳酸

盐含量为20%;下段深度为2 103.0~2 567.0m,厚度为464m,岩性为泥页岩夹砂泥岩,碳酸盐含量低于30%,中部一段砂泥岩互层,底部有一套U含量较高的页岩。佘田桥组底界地层岩性由灰质页岩变为下伏棋梓桥组顶部泥质灰岩,测井曲线上呈现明显自然伽马降低、双侧向电阻率抬升的特征,以此划分本井佘田桥组底界。依据岩性及测井曲线分析,佘田桥组下段主要为台盆环境泥岩夹粉砂岩,中段和上段依次发育斜坡、开阔台地、潮坪环境,其中斜坡沉积主要可见大量滑塌透镜状、瘤状泥质灰岩发育,向上过渡为开阔台地的厚层灰岩、泥质灰岩。伴随着海平面下降、陆源碎屑输入增强,发育开阔台地厚层泥质灰岩、灰岩与泥岩互层。在海平面进一步降低作用下及局部水下高地的分隔,过渡为潮坪环境,沉积薄层含钙质泥岩与泥岩互层。总体上佘田桥组下部泥岩夹砂岩段沉积时期水体相对最深,是发育相对较好烃源岩的形成条件,该层段是研究区页岩气勘探重点。

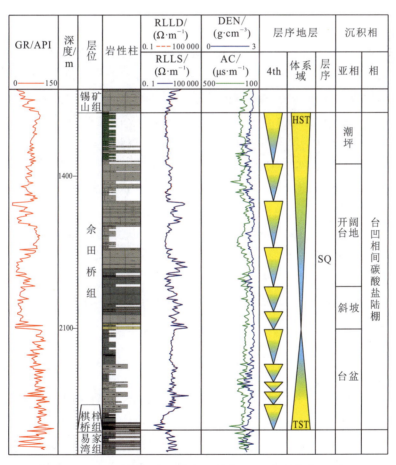

图2-2-1 湘新页1井佘田桥组沉积相综合柱状图

(二)2015HD2 井

2015HD2 井是中国地质调查局武汉地质调查中心在武冈地区部署的一口地质调查井，地理位置位于湖南省武冈市荆竹铺镇，以泥盆系佘田桥组为主要目的层。2015HD2 井中佘田桥组厚度达 1200m，暗色泥页岩主要发育在中段，岩性主要为深灰色厚层泥岩夹深灰色中—薄层泥质条带灰岩，局部夹中—薄层泥灰岩、生屑灰岩，向上泥灰岩厚度变大（500~900m）；上段主要发育灰色—深灰色厚层钙质泥岩与灰色厚层泥灰岩互层，向上泥灰岩变薄（200~500m）；顶部主要发育厚层灰色泥质灰岩与灰色厚层灰岩互层（0~200m），其中，局部见近 10m 薄层粉砂岩发育，反映该时期海侵变弱，受到来自北方的砂泥碎屑沉积的影响（图 2-2-2）。基于以上岩性组合特征，可将 2015HD2 井佘田桥组划分为 5 个岩性段。其中，第一岩性段岩性主要为灰黑色薄层泥灰岩与泥质灰岩互层，见泥质灰岩—灰岩呈瘤状—透镜体状杂乱分布，自然伽马测井曲线呈杂乱多峰状，具有相对较高的电阻率，与下伏棋梓桥组呈整合接触（图 2-2-3，图 2-2-4）；第二岩性段主要为中—薄层灰色—深灰色泥灰岩夹深灰色—灰黑色泥岩，自下而上泥岩含量逐渐减少、灰岩含量增加，见灰岩—泥质灰岩呈瘤状发育；第三岩性段主要由中—薄层灰色泥岩夹深灰色—灰色泥质灰岩构成，自然伽马测井曲线呈高幅钟形-箱形，具有低电阻率特征，局部见薄层竹节石顺层发育；第四岩性段由中—厚层灰色泥灰岩与深灰色泥岩不等厚互层构成，主要表现为一层中—厚层泥灰岩—泥质岩—一层中—厚层泥岩特征，局部灰岩呈瘤状—透镜体状夹于泥岩中，灰岩中见生物碎屑杂乱排列；第五岩性段主要由灰色—浅灰色中—厚层泥灰岩构成。其中，中部第一岩性段有效泥页岩累计厚度可达 150m，为暗色泥页岩最有利发育层段。总体上泥页岩层序的发育受到海侵—海退旋回的控制，主要发育在较深水环境下的泥岩、灰质泥岩、泥灰岩、泥质条带灰岩为主的佘田桥组下部和中部，属台缘斜坡和台间盆地产物。

二、石炭系测水组典型剖面(井)沉积相分析

(一)湘涟页 1 井

湘涟页 1 井位于湖南省新化县温塘镇王家村，构造位置位于湘中坳陷涟源凹陷车田江向斜。测水组深度为 2636~2 755.26m，厚度为 119.26m。顶部以灰色粉砂岩与上覆梓门桥组深灰色灰质泥岩整合接触；上部岩性主要以灰色粉砂岩、细砂岩与灰色泥岩互层，夹灰色泥质灰岩为主；下部以灰黑色碳质页岩与黑灰色碳质粉砂岩互层，夹煤为主。底部以灰黑色碳质页岩、灰质泥岩与下伏石磴子组深灰色泥质灰岩、泥灰岩整合接触（图 2-2-5）。

依据测井曲线及岩性特征，将湘涟页 1 井测水组划分为 2 段。其中，下部岩性以泥页岩、泥质粉砂岩为主，局部夹煤层。泥页岩在电成像测井（FMI）图像上显示水平层理发育，见顺层黄铁矿。煤层 FMI 动态图像杂乱，煤层厚累计 7.3m，底部含大量大小不一的菱铁矿

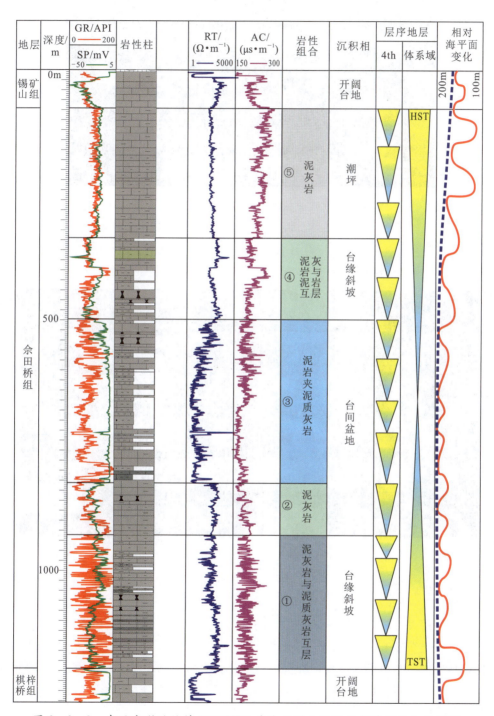

图 2-2-2 武冈市荆竹铺镇 2015HD2 井地层划分及沉积相特征综合柱状图

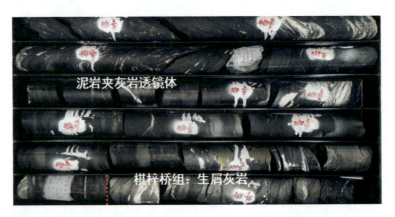

图 2-2-3 武冈市荆竹铺镇 2015HD2 井中泥盆统棋梓桥组生屑灰岩与上泥盆统佘田桥组泥岩接触关系

图 2-2-4 武冈市荆竹铺镇 2015HD2 井上部佘田桥组深灰色—灰黑色泥岩—泥灰岩夹瘤状灰岩特征

结核。井壁崩落发育,见明显扩径特征。总体为较低能潟湖-沼泽沉积环境。测水组中上部地层岩性以泥质粉砂岩、粉砂质泥岩夹薄层灰岩为主,形成于滨外泥质、砂泥质、混积陆棚等浅水陆棚环境中。其中,泥质砂岩、粉砂岩及粉砂质泥岩构成碎屑陆棚沉积主体,测井 FMI 图像上显示水平层理发育;混积陆棚相的岩性以泥质灰岩为主,FMI 图像上显示高阻亮色特征,局部见暗色条带。

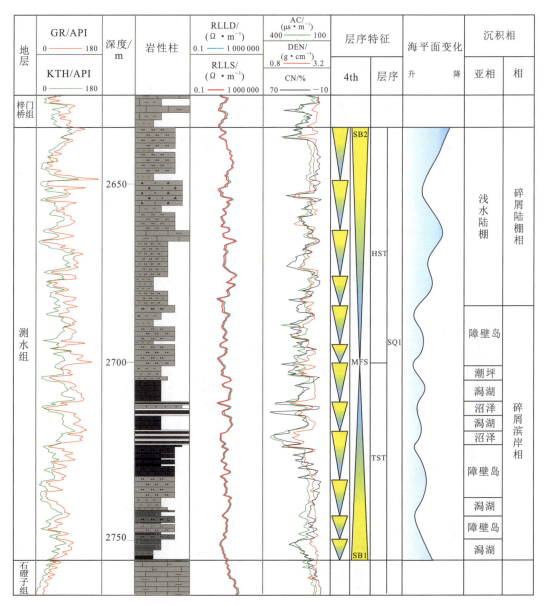

图 2-2-5　湘涟页 1 井测水组地层划分及沉积相特征综合柱状图

(二)2015HQ2 井

2015HQ2 井位于湖南省新宁县涂江村,该井测水组深度为 205.85~261.13m,厚度为 55.28m。可划分为上、下两段。其中,上段岩性主要由浅灰色—灰白色细砂岩、粉砂岩,灰黑色泥岩夹薄层粉砂岩、细砂岩,灰色灰岩等组成;下段岩性主要由灰黑色厚层泥岩夹薄层细砂岩、粉砂岩、灰白色—灰色细砂岩、粉砂岩组成(图 2-2-6)。其中,在底部灰黑色泥岩中局部可见薄层煤线、碳质泥岩。该井测水组底部与石磴子组深灰色灰岩整合接触,顶部与梓门桥组灰色—浅灰色灰岩整合接触。自下而上,由滨岸相潟湖、障壁岛沉积环境,向上过渡为碎屑陆棚、泥质陆棚、砂质陆棚交互沉积。下部潟湖沉积主要由灰黑色泥岩夹薄层粉砂岩组成,发育水平层理,局部可见黄铁矿结核。障壁岛沉积主要由粉砂岩组成,局部发育前积楔状交错层理,局部砂体呈薄层席状发育。上部碎屑岩主要为泥质陆棚、砂质陆棚和混积陆棚沉积。其中,泥质陆棚沉积主要由灰黑色泥岩夹薄层粉砂岩,粉砂岩中可见丘状交错层理发育,局部可见生物化石碎片,混积陆棚以碳酸盐岩和砂泥岩混积沉积为特征,灰岩中局部可见生物碎屑发育。

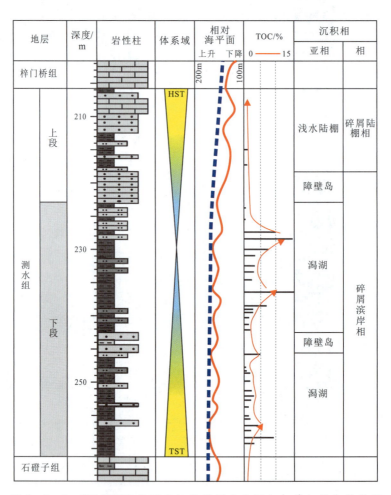

图 2-2-6 2015HQ2 井测水组地层划分及沉积相特征综合柱状图

总体上,从沉积相演化特征可以看出测水组沉积时期海平面整体呈震荡趋势,其中海进障壁沙坝和潮道沉积是海侵期产物,泥质陆棚和碳酸盐陆棚沉积是最大海侵期产物,泥炭沼泽相是最大海退期产物。测水组下伏石磴子组沉积末期,邵阳凹陷整体为浅水碳酸盐或混积陆棚沉积环境，沉积一套生物碎屑灰岩、泥质灰岩夹泥灰岩和钙质泥岩。石磴子组末期，湘中地区发生大规模的海退。测水组沉积初期，整个湘中地区形成了广阔的潟湖海湾环境，沉积一套灰黑色粉砂岩和泥岩，有些地区发育泥炭沼泽，形成不稳定的煤线。随后海平面短暂上升，沉积一套潮坪相不等厚互层的粉砂岩和泥岩，潮道砂体发育，之后持续的海退，整个潟湖不断地被充填，邵阳地区演化成大面积的泥炭沼泽。当时气候温暖潮湿，成煤植物发育，从而形成大规模的聚煤作用。随后，整个邵阳凹陷又发生大规模的海侵，海水主要以潮道形式注入到本区，潮道砂体的底面是一次海侵冲刷面，但此次海平面上升的幅度不大，随后的海退重新使邵阳凹陷大部分地区发育潟湖-沼泽相，形成全区最稳定分布的三煤层。随后，新的小规模海侵使邵阳地区重新发育潮道沉积，快速海侵后的海退，形成沼泽相泥岩，发育不稳定的煤线。

测水组上段沉积初期，邵阳地区重新开始大规模的海平面上升，形成测水组上段底部障壁沙坝和海侵潮汐水道沉积组合。该沉积组合为一套含砾石英砂岩、中细粒石英砂岩，底部发育冲刷面，向上粒度变小，且该沉积组合在整个湘中大部分地区均有分布，虽厚度有变化，但层位稳定，因此作为测水组上、下段的分界。沉积组合底部潮道砂体是叠置的透镜状，随后短暂的海退，形成潮坪沼泽相保存碳质泥岩，局部形成煤线。向上很快过渡为浅水泥质陆棚环境，形成远滨泥岩，化石丰富，之后的海退形成向上变粗和变厚的海退沙坝序列，砂体中交错层理发育。测水组末期，由于海平面变化，发育了碳酸盐岩和碎屑岩垂向上交替的序列，海侵时形成混积陆棚相生物碎屑灰岩，海退时，陆源供应充足，形成障壁沙坝序列。

三、二叠系龙潭组典型剖面（井）沉积相分析

（一）湘涟页1井

湘涟页1井龙潭组深度为380～410m，厚度为30m。主要由黑色粉砂质泥岩、泥岩夹黑色粉砂岩、煤组成。两层煤层发育较为稳定，指示较为稳定沉积环境。岩性上，本组以黑色粉砂质泥岩与下伏茅口组灰岩整合接触。顶部以黑色砂泥互层与上覆大隆组深灰色硅质灰岩整合接触。总体上龙潭组自然伽马曲线呈"峰状"中高值，深、浅侧向电阻率曲线呈"齿状"中低值。据测井曲线及岩性特征将湘涟页1井龙潭组划分为2段：下段岩性为灰黑色粉砂质泥岩、泥质粉砂岩，夹一层煤层，测井曲线呈中高幅"齿状"；上段岩性为灰黑色泥岩、粉砂质泥岩、粉砂岩，中下部夹一层煤系，自然伽马测井曲线呈漏斗形叠置发育。顶部发育区域上常见一层粉砂岩（图2-2-7）。

（二）2015HD3井

2015HD3井位于湖南省邵阳市邓家铺镇，构造位置位于湘中坳陷邵阳凹陷邓家铺向斜中部。龙潭组深度为65～740m，厚度为675m。龙潭组底部以灰黑色碳质泥岩与下伏二叠

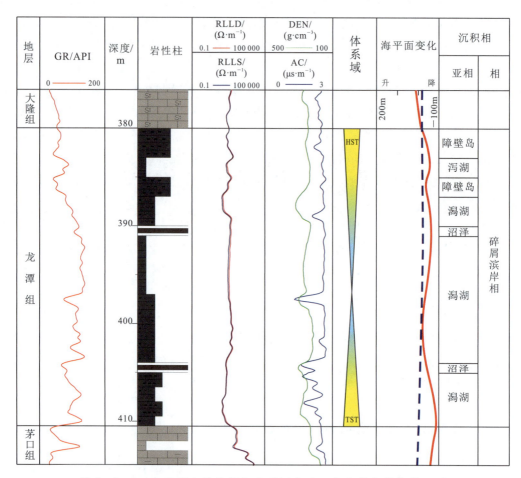

图 2-2-7 湘涟页 1 井龙潭组地层划分及沉积相特征综合柱状图

系孤峰组硅质岩和硅质灰岩整合接触；下段岩性主要为灰黑色、灰色泥岩、碳质泥岩、泥质粉砂岩、粉砂质泥岩夹薄层灰色粉砂岩，含较多的菱铁质结核、条带、植物化石，局部还可见腕足类化石，总体指示潟湖低能环境，局部夹海侵作用下形成的障壁岛沙坝砂岩，砂岩中交错层理发育；上段岩性主要为灰黑色碳质泥岩与灰色—深灰色粉砂质泥岩、泥岩互层，局部可见植物化石、菱铁矿层，局部碳质泥岩含碳量明显较高，总体指示潟湖-沼泽沉积环境；顶部岩性为灰色砂岩夹薄层灰黑色、深灰色碳质泥岩、泥岩，顺层分布大量斑点状黄铁矿，砂岩发育槽状交错层理、羽状交错层理、平行层理等，指示水动力较强的障壁岛沙坝沉积。龙潭组顶部与上覆大隆组泥质灰岩整合接触（图 2-2-8）。

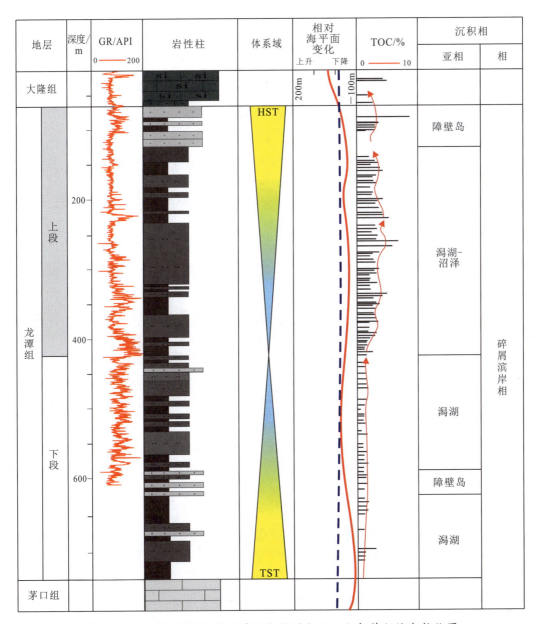

图 2-2-8 2015HD3 井龙潭组地层划分及沉积相特征综合柱状图

第三节 岩相古地理特征

一、晚泥盆世佘田桥组沉积期岩相古地理特征

中泥盆世，海水从湘桂夹道进入湘中，整个跳马涧组时期，在填平补齐阶段的充填式沉积过程中，形成了一套滨海相的粗碎屑岩。

中泥盆世跳马涧组形成于海侵早期，以碎屑岩潮坪相沉积为主，主体岩性为紫红色砂质泥岩夹薄层状灰质泥岩。主海侵期的棋梓桥组主要沉积了一套富含生物的碳酸盐岩，随着海水不断加深，调查区变为深海，海洋生物开始变得稀少，陆源供应也不充足，沉积环境由浅水碎屑岩沉积变为深水碳酸盐岩沉积，同时海底发生基底断裂作用，开始呈现开阔台地和台盆相间的沉积格局。

晚泥盆世早期佘田桥组时期，主要继承了前期棋梓桥组晚期开阔台地和台盆相间的格局，但由于断裂活动增强，因此台地沉降速度加快，台地不断隆升，从而导致了台间盆地的扩大。佘田桥组沉积相分布与棋梓桥组时期不同，表现为台地相范围缩小、厚度减薄。平面上沉积相分布在湘中坳陷，显示发育东西两个台盆，西部台盆位于武冈—隆回—新化一线，东部台盆位于永州—祁阳—双峰一带，两个台盆相区钻井资料显示，西部台盆富有机质泥页岩更为发育，反映西部台盆水体更深，沉积相带有利，具有更好的生烃物质基础。陆棚-台缘斜坡相主要分布在新化琅塘—西河—唯山乡及新邵迎光—隆回梅塘坳一带。由于该相带出露区域狭窄，故在图面上进行了简化处理。开阔台地相分布范围较广，岩性主要由泥灰岩、泥质灰岩、生物碎屑灰岩组成，而在靠近大陆或离岸碳酸盐台地高地部位发育潮坪相（图2-3-1，图2-3-2）。

二、早石炭世测水组沉积期岩相古地理特征

石炭纪初期，随着地壳再一次沉降，海水由西南部侵入到湘中地区，岩关期，海平面上升下降频繁交替，形成一套灰岩、泥质灰岩与砂泥岩互层沉积（钱劲等，2013）。到测水组下段沉积期，由于地壳抬升，海平面下降，海水迅速从湘中退出，主要发育潮坪-沼泽相，由于古气候温暖湿润，植被繁盛，煤层发育，岩性主要以泥岩夹粉砂岩为主，夹一至七层煤层，在新化-冷水江、武冈-新邵以及邵东-双峰等地，受古地貌影响，发育潟湖相（图2-3-3），地层厚度、泥岩厚度和煤层厚度均明显比潮坪相大；到测水组上段沉积期，整个湘中地区重新开始遭受大规模海侵，涟源凹陷和邵阳凹陷沉积存在一定的差异，涟源凹陷主要为滨岸砂岩和临滨砂泥岩沉积，顶部发育少量滨外混积陆棚相砂泥岩夹灰岩沉积，邵阳凹陷主要为临滨砂泥岩和滨外混积陆棚相砂泥岩夹灰岩沉积。

第二章 富有机质泥页岩沉积相及岩相古地理

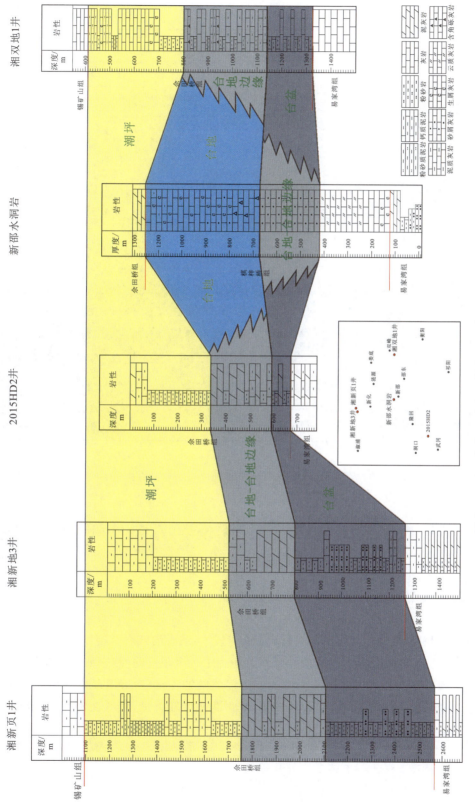

图 2-3-1 湘中坳陷佘田桥组沉积相对比图

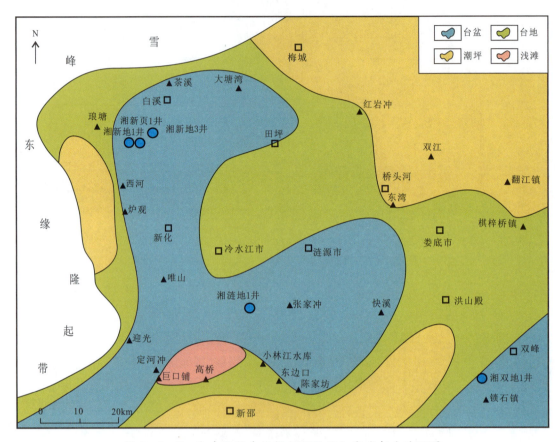

图 2-3-2 湘中坳陷佘田桥组下段沉积期岩相古地理图

至梓门桥组沉积期,随着海平面上升,海水自南向北持续侵入,湘中坳陷沉积局限台地相泥质灰岩夹膏岩层;至晚石炭世,海洋面积不断扩大,整个湘中坳陷发育大面积台地相碳酸盐岩沉积。

三、二叠系龙潭组沉积期岩相古地理特征

中二叠世晚期,栖霞期海水由西南侧新宁一带侵入,此时的九嶷古陆与江南古陆均位于水下,湖南全境为开阔海环境,以碳酸盐台地沉积为主。至茅口期,湘中地区从坳陷盆地向挤压盆地转换,伴生的逆冲断裂活动使得 27°40′以北的湘中地势抬升,以南则相应下降,进而导致湘中地区形成鲜明的南北区沉积分异,北区为碳酸盐台地,南区主要为硅质岩、泥质岩沉积,为盆地相沉积环境。

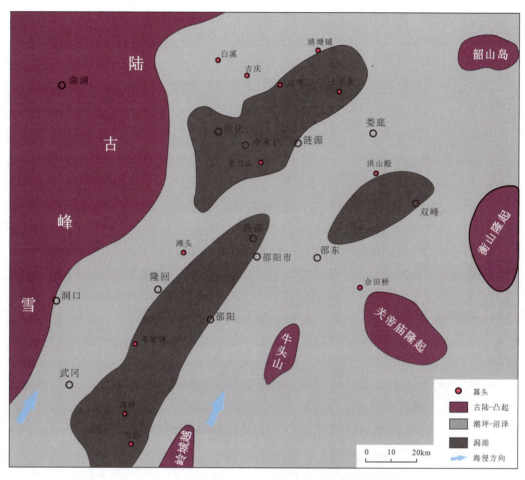

图 2-3-3 湘中坳陷测水组下段沉积期岩相古地理图

中、晚二叠世龙潭组沉积期延续了茅口期古地理格局,并且此时的东吴运动造成株洲-新化-武冈断裂带西北地区彻底抬升出地表,南部双牌-江华的九嶷古陆与东南方向的罗霄古陆也开始隆起成为古陆,此时期湘中南地区沉积作用局限于此3个古陆之间。

湘中坳陷龙潭组沉积主要受到两个大型断裂控制,一是以株洲—新化—洞口—武岗一线(继承性盆地边缘断裂)西北龙潭组呈现与下伏地层茅口组的平行不整合为界,断裂带东南基本为连续沉积,但是在局部地区(如邵阳短陂桥、永禾大岭等地)也可见风化壳铁矿层、豆状铝土矿或铝土质泥岩、底砾岩,甚至可以见到小范围的海岸超覆现象,充分表明层序底界为陆架坡折边缘的Ⅰ型层序。早期,株洲-新化-武冈断裂带西北大面积为古剥蚀区,称湘西北平原,与之相连的龙山也为一古陆。断裂带东南除罗霄古陆和九嶷古陆以外的区域海水相对较深,总体为浅海陆棚—次深海的沉积。沉积物为龙潭组底部的泥岩,随着沉积物的不断充填与构造运动引起的海平面下降,盆地水变浅。晚期主要为三角洲、障壁岛-潟湖-潮坪、广海潮坪沉积(图2-3-4)。二是以长寿街-双牌断裂为界,东西两侧差异明显。东侧沉降幅度大、形成的准层序多,沉积厚度大,早期主要以发育深切谷和与之相关的三角洲、潮坪、滨岸平原为特征,晚期为深切谷的充填和大规模的三角洲、滨岸平原沉积;西侧沉降慢,形成的准层序个数少,沉积厚度薄,基本为浅海陆棚环境。断裂东西两侧分属不同物源沉积区。东侧物源主要来自罗霄古陆,西侧物源主要来自龙山凸起,发育涟邵三角洲。九嶷古陆未向盆地提供碎屑物质,在湖南省内其他边缘主要发育广海潮坪,海水通过新宁及宜章进入湘中地区。

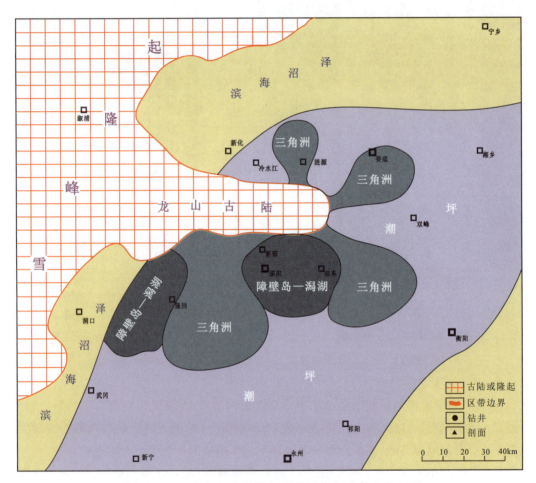

图 2-3-4 湘中坳陷龙潭组下段沉积期岩相古地理图

龙潭组沉积末期东吴运动减弱,除东南与南部的古陆稳定以外,海岸体系逐渐向西北方向迁移,海域面积不断扩大。江南古陆向西北退移,演化成武夷平原、雪峰平原、幕阜平原,最终消失,湘中南大面积进入浅海陆棚沉积,仅大陆边缘有较窄的滨岸与潮坪沉积,即湘西北为台,湘中南为盆地,两者之间为斜坡或过渡带。

第三章　页岩气地质条件分析

第一节　页岩分布特征

一、页岩厚度分布特征

泥页岩厚度分布特征的确定是页岩气资源评价的基础，对页岩气资源量计算来说尤为关键，只有达到一定厚度页岩气储层才有可能形成工业性的页岩气藏。湘中地区重点页岩层系厚度分布的研究主要基于钻井与地质剖面，并引用了部分煤田钻孔及区域地质资料，从地层厚度及有效暗色页岩厚度两个方面对页岩分布特征进行阐述。

（一）泥盆纪佘田桥组

泥盆纪在湘中地区出露广泛，主要分布在3个次级凹陷及内部向斜周缘。区域内下泥盆统源口组往往角度不整合于前泥盆系之上。受特提斯构造域拉张的影响，桂中北地区早在早中泥盆世就已经呈现出台盆相间的古地理格局，至晚泥盆世拉伸活动延伸至湘中地区，导致佘田桥组沉积期也出现了非常鲜明的台盆相间的古地貌特征。台地相区上下岩性没有显著区别，基本以泥质灰岩、泥晶灰岩为主，而台盆相区底部则以黑色钙质页岩为主，局部地区夹灰黑色—深灰色泥质粉砂岩、粉砂质泥岩等，中部碳酸盐岩段则以深灰色—灰黑色泥灰岩、瘤状灰岩为主。通过湘中地区多年页岩气调查评价发现泥盆系佘田桥组页岩气主要分布于条带状台盆相带内，并在中下部钻获页岩气。

在湘新地3井、湘新页1井等钻井基础上，结合露头剖面共同确定有效烃源岩厚度（表3-1-1）。由于两套气层烃源岩岩性有所差异，中段以泥灰岩为主，而下段以页岩为主，因此有效烃源岩厚度采用不同的统计标准，中部泥灰岩段有效烃源岩按 TOC>0.5% 计，底部页岩段则按 TOC>1% 计，最后将两者相加统计得出有效烃源岩厚度。

表 3-1-1　湘中坳陷佘田桥组泥页岩有效厚度数据统计表　　　　单位:m

井名/剖面	顶深	底深	地层厚度	有效烃源岩厚度
湘新地 1 井	562	—	>1000	242
湘新地 3 井	0	1300	>1300	265
湘涟地 1 井	132	1147	1015	150
湘新页 1 井	1109	2568	1459	320
张家冲剖面	0	413	>1000	210
涟深 2 井	0	1245	1245	163
雷鸣桥剖面	0	488	488	0
湘邵地 1 井	83	911	828	47.57
2015HD2 井	0	811	>800	253
湘双地 1 井	450	1350	900	133

涟源凹陷内湘新地 3 井揭示佘田桥组有效烃源岩总厚度为 310m,底部显示优质泥岩厚度为 79m;湘新地 1 井未揭穿底部页岩,有效烃源岩厚度应该超过 240m;湘新页 1 井钻获佘田桥组有效烃源岩为厚 320m 的页岩,底部优质页岩段厚度为 80m;湘涟地 1 井揭示有效烃源岩厚度可达 150m,优质页岩厚度为 85m;张家冲剖面与湘涟地 1 井位置较近,实测泥岩厚度约 210m,优质页岩段厚度超过 90m,虎寨剖面周边泥页岩厚度也可达 210m。

邵阳凹陷 2015HD2 井钻遇佘田桥组有效烃源岩总厚度为 253m,底部优质泥灰岩厚度近 200m;湘邵地 1 井揭示富有机质泥页岩厚度为 47.57m;湘双地 1 井钻遇有效烃源岩总厚度为 133m,底部不存在大段黑色钙质泥岩,也未见到砂岩段,取而代之的是富有机质泥灰岩与泥质灰岩互层,优质页岩厚度约 40m,与涟源凹陷西部及中部相比明显偏薄,有机碳含量也有所下降。与湘双地 1 井邻近的涟 4 井中佘田桥组泥页岩厚度可达 200m 以上,另地质调查发现双峰县城东南最大厚度达 165m,湄水桥一带最大厚度可达 350.8m。零陵凹陷的铜鼓岭剖面周边泥页岩厚度超过 50m,但分布面积局限。

总体而言,下段黑色钙质页岩是佘田桥组有机碳含量最高层段,厚度一般为 30~90m 不等。中段碳酸盐岩段与下部页岩段具有继承性,按碳酸盐岩烃源岩的评价标准,有效厚度普遍在 150m 以上,最厚处可以超过 300m(图 3-1-1)。平面上,两个台盆以北北东向条带状分别从东西两侧贯穿全湘中,西侧条带状台盆在末端分叉,页岩层系厚度在平面上受控于古地理格局,造成厚度中心与台盆分布基本一致。东侧台盆佘田桥组下段普遍可见硅质岩与泥灰岩互层,缺少砂岩层。而西侧台盆中不发育硅质岩,底部主要以一套钙质页岩与泥灰岩互层为主,向上见大套砂岩,厚度近 200m。根据岩相组合序列推测东西两侧的拉张幅度并不一致,西侧的拉张宽度应该明显大于中东部,并且离陆源补给区更近,造成西侧湘新地 3

井、湘新页1井均表现为黑色钙质页岩—深灰色泥质粉砂岩—灰岩的岩石组合序列。而以湘双地1井为代表的东部断坳拉张窄而深,又缺少陆源碎屑补给,因此形成一套硅质岩—泥灰岩的岩石序列。

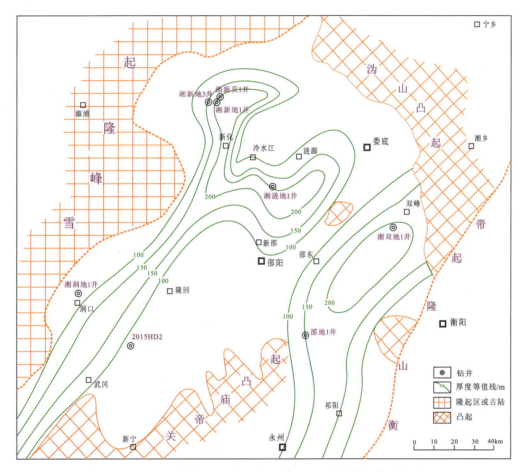

图3-1-1 湘中坳陷佘田桥组有效烃源岩厚度等值线图

(二)石炭系测水组

测水组上段底部发育一套障壁岛类型的石英砂岩,向上为细砂岩、粉砂岩、泥质粉砂岩等组成的滨海相,以及灰岩、泥质灰岩组成的滨外碳酸盐岩陆棚相,基本不含煤,泥页岩也较少。下段是富有机质泥页岩的主要发育层段,为潟湖-潮坪-障壁岛沉积体系,主要发育页岩、砂岩、粉砂质泥岩及煤层等,富有机质页岩主要分布在测水组下段。基于页岩气钻井、实测剖面、煤炭钻孔等资料分析结果显示,测水组富有机质页岩厚度一般在40~60m之间(表3-1-2),最厚可达100m以上。此外,富有机质页岩厚度横向非均质性较强,以车田江向斜为例,其东翼的 2015HD6 井暗色泥页岩厚度为 71.8m,距离该井 7.5km 的西翼湘涟页 1 井仅 37.5m,车田江向斜南翼涟参 1 井测水组总厚度为 175m,其中暗色泥页岩厚度超过 80m(图 3-1-2)。

表 3-1-2　湘中坳陷测水组富有机质页岩厚度统计表　　　　单位:m

钻井/剖面	顶深	底深	地层厚度	暗色页岩厚度
2015HD6 井	1 157.7	1 340.7	183	71.8
湘涟页 1 井	2634	2 755.6	121.6	37.5
新 2 井	419	778	358	168
新 1 井	245	405	160	35.8
涟页 2 井	56	214	158	66.2
涟参 1 井	390	530	110	82.1
涟参 2 井	458	651	193	53
涟 8 井	390	228	162	89
2015HQ2	—	—	53	32
2015HQ1	—	—	55.4	31
涟 1 井	—	—	115	75
湘冷 1 井	—	—	147	60
涟源仙洞 7104 钻孔	—	—	110.5	17
湄江煤矿钻孔	0	32	32	13.6
七星街曾加村剖面	0	128	128	58.6
冷水江金竹山剖面	0	98.39	98.39	29.89
娄底石埠村剖面	—	—	57	48
娄底万宝镇剖面	—	—	117	52
仙洞剖面	—	—	225.7	18.9
樟木村测水组剖面	—	—	195.18	98.42
清桥村双江水库剖面	—	—	47.5	21.02

总体上,湘中坳陷测水组黑色页岩有两个沉积中心:①双峰-新邵-隆回-新宁的零星分布廊带,黑色页岩厚度一般介于 40～60m 之间,廊带宽度约 35km,两侧页岩厚度逐渐尖灭,其中还存在以新宁与双峰为中心的两个次级分布区,厚度最高超过 60m(图 3-1-3);②以冷水江为中心的集中分布区,中心厚度超过 100m,一般介于 60～80m 之间,四周厚度逐渐减小,北至梅城—白溪一线,南至新邵北基本消失。

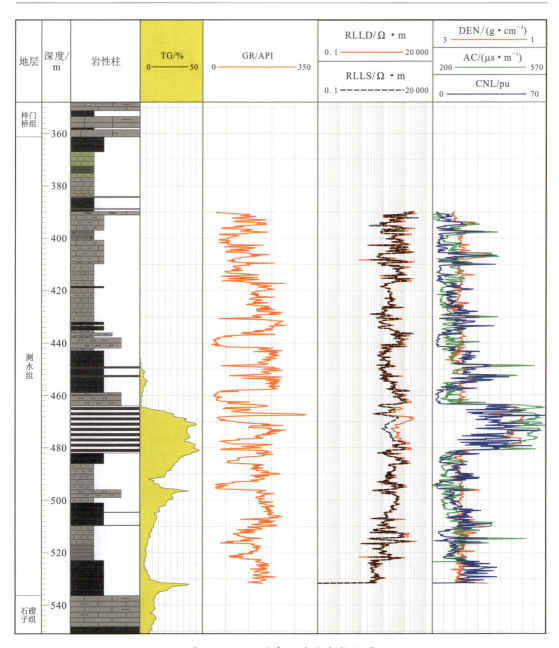

图 3-1-2 涟参 1 井综合柱状图

(三)二叠系龙潭组

龙潭沉积环境为典型的海陆过渡相,富有机质页岩主要形成于前三角洲、湖沼相,这些相带中富有机质页岩具有分布略小,相变快,沉积不稳定的特点。根据页岩气钻井、煤炭钻孔及地表调查统计的龙潭组泥页岩有效厚度数据见表 3-1-3。

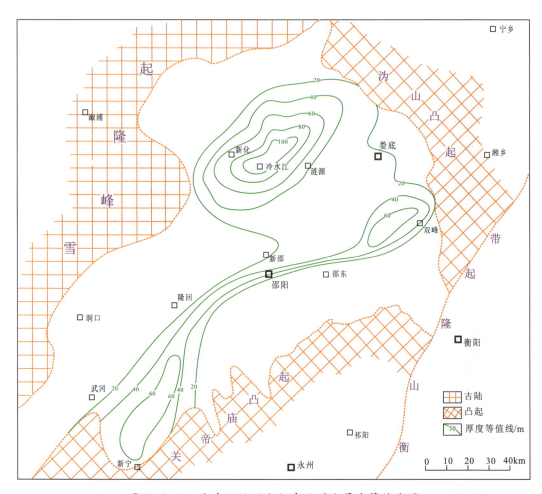

图 3-1-3 湘中坳陷测水组有效页岩厚度等值线图

表 3-1-3 研究区龙潭组泥页岩有效厚度数据统计表　　　　　　　　单位：m

地区	井名/剖面	顶深	底深	地层厚度	有效页岩厚度
涟源凹陷	湘涟页1井	380	410	30	28
	涟6井	520	555	35	18
	湘煤2井	370	570	200	52
	湘煤1井	408	628	220	46
	涟5井	545	572	27	17
	涟深1井	160	222	62	30
	涟页1井	392	419	21	15
	涟源李家垄剖面	—	—	224.4	126

续表 3-1-3

地区	井名/剖面	顶深	底深	地层厚度	有效页岩厚度
涟源凹陷	涟源洪源剖面	—	—	31	21
	涟源桥头河剖面	—	—	45.51	21.4
	涟源恩口剖面	—	—	43	16.5
	龙塘村剖面	—	—	138.58	81.07
邵阳凹陷	2015HD3 井	66	752	485	120
	邵阳县江冲剖面	—	—	517	126
	邵东牛马司煤矿	—	—	297	92
	沙井田煤矿	—	—	254.4	71
	三比田剖面	—	—	286	60
	滩头剖面	—	—	367	121
	短陂桥钻孔	—	—	417.9	116
	箍脚底 3305 钻孔	—	—	379	118
	武冈尖山剖面	—	—	183	25
	莫家剖面	—	—	84	10
	砂子坪	—	—	239	38
	保和堂煤矿	—	—	226	41
	邵东两市塘	—	—	327.8	78
	新宁岩门前	—	—	35	2

龙潭组沉积期具有北高南低的古地貌特征，相应的造成了以纬度 27°40′为界龙潭组沉积特征与厚度显著的南北差异。南部邵阳凹陷龙潭组潟湖相厚度主要在 250～500m 之间，富有机质页岩厚度为 60～130m，如邓家铺向斜 2015HD3 井钻获龙潭组厚度达 485m，富有机质页岩达 120m；短陂桥龙潭组平均厚度为 417.9m，富有机质页岩为 116m；邵阳县城南江冲剖面二叠系龙潭组厚为 561m，富有机质页岩为 126m（图 3-1-4）。而北部涟源凹陷内龙潭组厚度介于 30～220m 之间，富有机质页岩厚度为 25～45m，少数剖面厚度可达 80m，如桥头河向斜龙塘村剖面。

总体上，龙潭组暗色页岩主要分布于邵阳凹陷内，且邵阳凹陷内存在隆回与邵东两个厚

地层	层号	层厚/m	岩性柱	岩性描述	沉积相	沉积相	旋回	体系域	层序
大隆组	19	16.3		大隆组 19.与下伏龙潭组呈整合关系。灰黑色薄—中层状含碳质含钙质硅质岩,夹灰黑色薄层含粉砂质泥岩,夹少量灰色中层状透镜体灰岩。硅质岩中可见星点状黄铁矿,灰岩中水平层理发育。	陆棚	深水陆棚		TST	
龙潭组上段	18	14.1				潟湖			
	17	12.6				潮道			
	16	16		龙潭组 18.灰黑色、黑色含碳质页岩夹灰色薄层状砂岩。砂岩分两种形态:①成层状砂岩平行层理发育;②透镜状砂岩,如果不连续则形成较多顺层分布的砂岩。 17.浅灰白色、灰黑色中层状粉砂岩、细砂岩,夹灰黑色薄层状泥页岩,砂岩胶结松散,风化后呈砂糖粉末状,表皮呈褐红色。 16.灰黑色、黑色薄层含碳质页岩,局部砂质团块结核,外表风化呈现紫红色,页岩风化后呈叶片状。局部夹灰黑色薄层粉砂岩。 15.浅灰白色薄—中层状粉砂岩、细砂岩,胶结松散,风化呈现褐黄色,揉搓呈粉末状。 14.肉红色、浅紫红色薄层含泥质粉砂岩,间夹灰色薄层粉砂岩及灰黑色薄层泥页岩。 13.下部为灰色薄层泥质粉砂岩、粉砂质泥岩,中上部泥质含量增加,以灰色薄层泥岩为主。大部分风化较为严重,只有零星出露。 12.灰色、灰黑色薄层含粉砂质泥岩间夹灰色薄层粉砂岩,砂岩多具透镜状层理。 11.灰黑色薄层泥页岩与灰色薄层泥质粉砂岩互层,两者比例约为3:1。 10.灰黑色、黑色薄层含碳质泥岩夹薄层灰色粉砂岩,另局部可见砂质结核团块。推测为此时期海平面最高位置,可见薄层煤线。		潟湖		HST	SQ2
	15	8.9				潮道			
	14	31.7				潮坪			
	13	41.4				泥坪			
	12	8.8				砂坪			
	11	9.2							
	10	19.5				潟湖			
	9	28.6				砂坪		TST	
	8	10.1				泥坪			
	7	14.9				潮道			
龙潭组下段	6	95.1		9.为一套灰白色薄层粉砂岩,胶结一般,成分混杂,含石英、长石、云母等矿物。 8.下部灰黑色薄层含砂质泥岩夹少量灰黑色薄层泥岩。向上为灰色中薄层粉砂岩,夹少量灰黑色薄层含粉砂质泥岩。 7.下部以灰色薄层细砂岩夹灰黑色含泥质粉砂岩为主,向上逐渐过渡为中厚层灰色细砂岩,间夹少量灰黑色薄层泥质粉砂岩。具向上变浅层序,顶部基本为中厚层厚层细砂岩,局部发育特征的透镜状层理,局部胶结松散,风化后呈褐黄色。见槽状交错层理。 6.由两个A、B层序组成。 A:灰黑色、酱紫色薄层泥岩、含粉砂质泥岩,风化后呈碎片状; B:灰绿色中层状含泥质粉砂岩、细砂岩,见较多白云母。 A与B两者比例约为5:1。 5.主要为灰黑色、灰绿色中薄层细砂岩夹灰黑色、黑色薄层含碳质泥页岩。砂岩底部可见槽模,偶见泥砾现象。页岩中可见星点状黄铁矿,页理发育。从下至上,砂岩含量增加,颜色由灰黑色至灰绿色,页岩含量逐渐减少。 4.灰黑色、深灰色薄层含碳质页岩,风化后呈叶片状、碎片状。向上开始出现中薄层灰黑色粉砂岩,胶结松散,可见大量白云母。 3.酱紫色、褐黄色薄层泥岩、粉砂质泥岩,向上可见紫红色砂质结核。 2.主要为浅褐黄色、浅灰白色薄层含泥质粉砂岩、细砂岩,胶结较为松散。向上为浅灰白色、褐黄色薄层含粉砂质泥岩,具较多页理。 1.风化较严重,大部分掩盖,零星可见裸黄色薄层泥岩,含粉砂质泥岩。	潟湖-障壁岛-潮坪	砂泥坪		HST	
	5	19.5				潮道			
	4	28.1				潟湖-沼泽			SQ1
	3	61.2				泥坪		TST	
	2	59.3				砂坪			
	1	39.3		当冲组 0.主要为浅灰色中层状含硅质泥晶灰岩,偶夹薄层深灰色硅质岩,水平层理发育,具一定程度节理		泥坪		LST	
当冲组	0	10			盆地	盆地			

图 3-1-4 邵阳县江冲龙潭组实测剖面柱状图

度中心(图 3-1-5),中心区地层厚度均超过了 400m,暗色页岩厚度接近 120m,且向周围逐渐减薄,与龙潭期古地理格局基本一致,中心内沉积了较厚的碳质页岩夹少量煤层,具有良好的页岩气源岩条件。另外,涟源凹陷内也存在两个次级中心,分别以娄底与涟源为中心,中心内暗色页岩厚度为 30~60m。

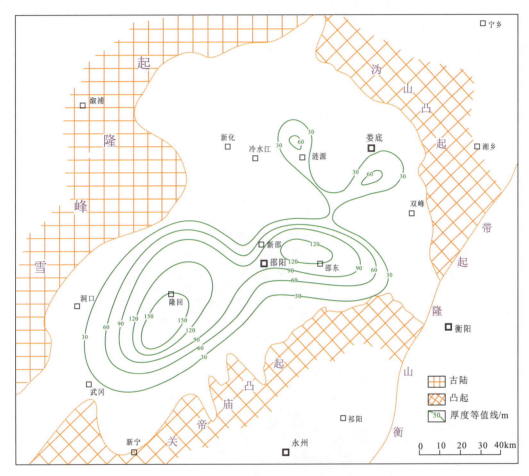

图 3-1-5 湘中坳陷龙潭组有效页岩厚度等值线图

二、页岩埋深分布特征

富有机质泥页岩的埋深是页岩气藏形成的关键因素之一。埋深太浅会造成盖层太薄,保存条件变差,部分地层裸露地表,页岩气容易逸散。但是,埋深过深一方面对于钻井技术要求高,并且增强施工成本,降低经济性;另一方面是根据以往页岩气勘探实践,埋深过大有机质成熟度必然过高,导致储集物性变差,而储集物性又是页岩气富集成藏的重要因素。因此,页岩气有利区的筛选须保证埋深控制在合理又合适的范围内,借鉴北美页岩气评价标准,结合我国目前已有页岩气勘探经验,认为埋深在500~4500m相对合适。

(一)泥盆系佘田桥组

涟邵盆地中的佘田桥组主要分布于涟源凹陷和邵阳凹陷的次级向斜中,涟源凹陷的主要向斜包括桥头河向斜、车田江向斜、恩口-斗笠山向斜和洪山殿向斜核部等,这些核部埋深普遍为3000~5000m,向斜外部依次变浅,至凹陷边缘基本全部露出地表。邵阳凹陷向斜核部佘田桥组底部埋深略浅于涟源凹陷,其中中部和东部底界最大埋深一般为3000~4000m,西部底界最大埋深为2000~3000m(图3-1-6)。因此,就盖层条件而言,凹陷的中部普遍优于边缘,涟源凹陷佘田桥组页岩盖层大面积连片分布,而邵阳凹陷主要集中在向斜核部,因此涟源凹陷盖层条件优于邵阳凹陷。

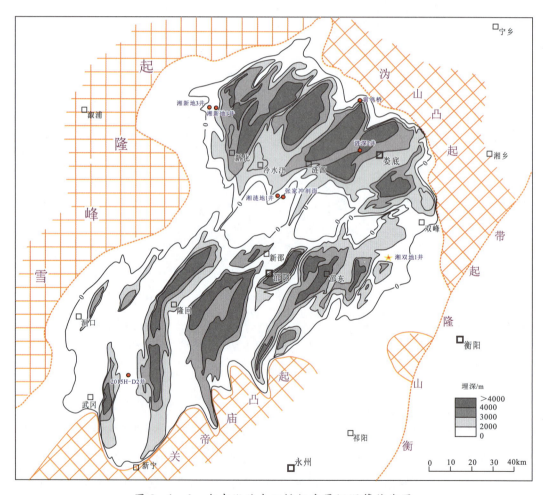

图3-1-6 湘中坳陷佘田桥组底界埋深等值线图

(二)石炭系测水组

湘中坳陷测水组主要分布于涟源凹陷和邵阳凹陷的向斜构造中,其中涟源凹陷的主要向斜核部埋深较大(桥头河、车田江、恩口-斗笠山和洪山殿向斜核部),底界最大埋深为3000m。邵阳凹陷的中部和东部主要向斜核部佘田桥组底界最大埋深为3000m,西部底界最大埋深为2000m(图3-1-7)。

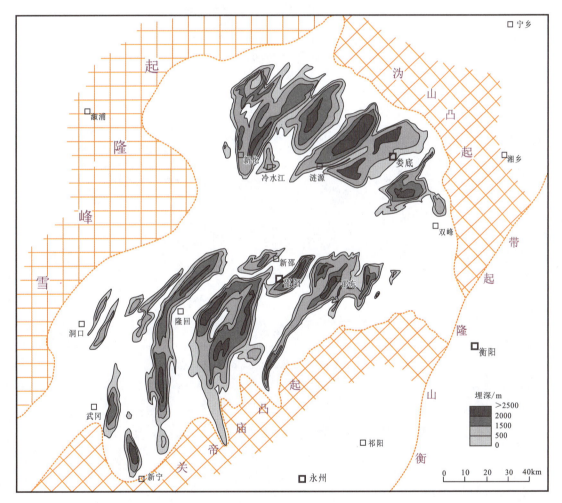

图3-1-7 湘中坳陷测水组底界埋深等值线图

(三)二叠系龙潭组

湘中坳陷二叠系分布局限,主要分布于涟邵盆地次级向斜核部地区,中心最大埋深超过1000m,向斜外围埋深通常在0~500m之间(图3-1-8)。

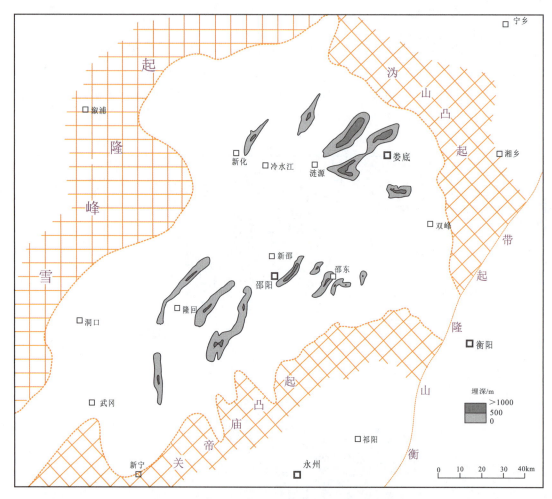

图 3-1-8 湘中坳陷龙潭组底界埋深等值线图

第二节 页岩气有机地球化学特征

一、有机质类型

不同沉积环境中,由不同来源有机质形成的干酪根,其性质和生油气潜能差别很大。根据干酪根样品碳、氧、氢元素的分析结果,干酪根类型按三类四分法可分为Ⅰ型(腐泥型)、Ⅱ型(Ⅱ$_1$. 腐殖腐泥型;Ⅱ$_2$. 腐泥腐殖型)和Ⅲ型(腐殖型)(表 3-2-1;戴鸿鸣等,2008)。

Ⅰ型干酪根:以含类脂化合物为主,直链烷烃很多,多环芳烃及含氧官能团很少,具高氢低氧含量,主要来自藻类沉积物,也可能是各种有机质被细菌改造而成的,生油潜能大,每吨生油岩可生油约 1.8kg。

II_1/II_2 型干酪根:氢含量较高,但较 I 型干酪根略低,为高度饱和的多环碳骨架,含中等长度直链烷烃和环烷烃较多,也含多环芳烃及杂原子官能团,来源于海相浮游生物和微生物,生油潜能中等,每吨生油岩可生油约 1.2kg。

III 型干酪根:具低氢高氧含量,以含多环芳烃及含氧官能团为主,饱和烃很少,来源于陆地高等植物,对生油不利,但埋藏足够深度时可成为有利的生气来源。

表 3-2-1 有机质类型划分标准

类型	干酪根 $\delta^{13}C/‰$	干酪根显微组分 TI 值
I	<-29	>80
II_1	$-29\sim-27$	$40\sim80$
II_2	$-27\sim-25$	$0\sim40$
III	>-25	<0

注:TI 为类型指数。

目前烃源岩有机质类型评价方法主要为有机岩石学评价法、干酪根碳同位素法、干酪根元素分析法、光学分析法及岩石热解参数评价法等,围绕上述各项分析内容建立了许多评价参数,并产生了不同的有机质类型划分标准(黄第藩等,1982)。作为自生自储的页岩气,页岩中干酪根类型不同,不仅影响页岩气生成的数量,对天然气的吸附和扩散也有较大影响。本次研究主要依据干酪根显微组分与干酪根碳同位素来判别干酪根类型。具体而言,透射光下,根据形态、结构等特征,可将干酪根的显微组成成分分为镜质组、惰质组、壳质组和腐泥组等几大类型。通过将每种显微组分赋以一定的权重(壳质组+50、腐泥组+100、镜质组-75、惰质组-100),并通过计算各组分的百分含量和对应权重乘积的累计值 TI 来判断干酪根类型。其中,I 型 TI 大于 80,II_1 型 TI 介于 40~80 之间,II_2 型 TI 介于 0~40 之间,III 型 TI 小于 0。

(一)泥盆系佘田桥组

湘中坳陷佘田桥组底部页岩段有机质类型呈现多样化特征。湘新页 1 井泥盆系佘田桥组富有机质页岩干酪根显微组分主要为腐泥组与镜质组,平均值分别为 86.3%、13.7%。类型指数 TI 介于 39.9~91.3 之间,表征有机质类型以 I 型为主,少量 II_1 型。湘新地 3 井腐泥组含量为 11%~82%,壳质组含量为 15%~51%,类型指数 TI 介于-3~87 之间,有机质类型 I 型、II_1 型、II_2 型兼有,以 II 型为主。湘新地 1 井腐泥组含量为 11%~82%,壳质组含量为 8%~59%,类型指数 TI 介于 9~73 之间,有机质类型主要为II_1、II_2 型(表 3-2-2)。2015HD2 井佘田桥组暗色泥页岩主要以腐泥无定形体和惰质组丝质体为主,腐泥组相对含量在 32%~96% 之间,主要以无定形体为主,类型指数介于-35~55 之间,说明佘田桥组等地层有机质类型较好,总体为 II 型,以 II_1 型为主,部分为 II_2 型。相较于北美页岩气,主要盆地的页岩干酪根类型主要为 II 型,主要生气,属于较好的烃源岩。

表 3-2-2　湘中坳陷佘田桥组页岩有机质类型一览表

编号	有机质类型	备注	编号	有机质类型	备注
XXY-3	II$_1$		2015HD2-26	III	
XXY-5	I		2015HD2-45	II$_2$	
XXY-7	II$_1$		2015HD2-57	III	
XXY-11	II$_1$		2015HD2-69	II$_2$	
XXY-15	II$_2$	湘新页1井实测	2015HD2-81	III	2015HD2井实测
XXY-19	I		2015HD2-101	II$_2$	
XXY-24	I		2015HD2-113	II$_1$	
XXY-35	I		2015HD2-Q1	II$_2$	
XXY-41	II$_1$		新铺-1-1	II$_1$	
XXY-47	I		新铺-1-2	II$_1$	
XXD3-K1	I		城西-1-2	II$_1$	
XXD3-K2	II$_1$	湘新地3井实测	王家垄-1	II$_1$	
XXD3-K4	I		板桥冲-2-1	II$_1$	李国亮等,2015
XXD3-K8	II$_2$		高桥村-1	II$_1$	
XXD1-K6	III		佘天桥-2	II$_1$	
XXD1-K5	II$_2$		桥边塘-3	II$_1$	
XXD1-K4	II$_1$	湘新地1井实测	宝花村-1	II$_1$	
XXD1-K3	II$_1$		菱角塘-1-2	II$_1$	
XXD1-K2	II$_2$		坪上镇	II$_1$	马若龙,2013
XXD1-K1	II$_1$		新邵光陂乡	II$_1$	

部分露头佘田桥组页岩腐泥质以无定形为主,惰质组次之,有机质类型基本为 II$_1$ 型(李国亮等,2015;马若龙,2013)。整个佘田桥组底部页岩段有机质类型呈多样化,但主要以 I 型、II$_1$ 为主,II$_2$ 型次之,表明佘田桥组下段沉积期环境主要处于偏海相沉积环境,有机质类型对生油更有利。

佘田桥组中上碳酸盐岩段干酪根显微组分主要为腐泥组与镜质组,平均值分别为 81.2%、18.8%,类型指数 TI 介于 39.9~80.2 之间,以 II 型为主,少量 I 型。总量 ST 也显示腐泥型、腐殖型兼有,但仍以 II 型为主,顶部出现 III 型(表 3-2-3)。有机质类型以 II 型为主,夹杂少量 I 型与 III 型。

表 3 - 2 - 3 湘中坳陷佘田桥组碳酸盐岩有机质类型一览表

编号	有机质类型	备注	编号	有机质类型	备注
XXY - 3	II$_1$	湘新页1井实测	XXD1 - K6	III	湘新地1井实测
XXY - 5	I		XXD1 - K5	II$_2$	
XXY - 7	II$_1$		XXD1 - K4	II$_1$	
XXY - 11	II$_1$		XXD1 - K3	II$_1$	
XXY - 15	II$_2$		XXD1 - K2	II$_2$	
			XXD1 - K1	II$_1$	

总体上,湘中地区佘田桥组下部页岩有机质类型偏 I 型,中段碳酸盐岩段有机质以 II 型为主,侧面反映了沉积环境经历了从偏海相向偏陆相转换的过程。

(二)石炭系测水组

测水组干酪根组分主要为腐泥组和镜质组,少量为壳质组和惰性组。以涟页 2 井为例,干酪根镜下鉴定结果显示腐泥组含量为 13%～95%,主要有机质类型为 II$_1$ 型及部分 I 型。同时,有机碳同位素也显示 $\delta^{13}C_{PDB}$ 介于 -23.3‰～29.9‰之间,平均为 -25.03‰,显示干酪根数据类型总体为 II 型。总体上,石炭系测水组有机质类型以 II 型为主,III 型次之,为典型的海陆过渡相特征。

涟源凹陷 2015HD6 井测水组干酪根类型指数 TI 为 7.75～36,干酪根类型以 II$_2$ 型(腐泥腐殖型)为主;小部分干酪根类型指数 TI 在 48～62.5 之间,为 II$_1$ 型(腐殖腐泥型)。湘涟页 1 井测水组干酪根类型指数 TI 为 -76.3～37,干酪根类型以 III 型为主,兼有部分 II$_2$ 型。干酪根有机碳同位素显示 $\delta^{13}C_{PDB}$ 介于 -22.48‰～-28.97‰之间,平均为 -26.10‰,显示干酪根数据类型总体为 II 型。

邵阳凹陷内 2015HQ1、2015HQ2 浅钻测试结果显示(表 3 - 2 - 4)所有样品干酪根类型均为混合型,其中 2015HQ1 浅钻测水组的有机质类型以 II$_2$ 型(腐泥腐殖型)为主,2015HQ2 浅钻测水组的有机质类型以 II$_1$ 型(腐殖腐泥型)为主。

表 3 - 2 - 4 湘中坳陷测水组干酪根组分与类型

采样位置	序号	显微组分/%				类型指数(TI)	干酪根类型
		腐泥组	壳质组	镜质组	惰质组		
2015HQ1 井	1	64	—	—	36	28	II$_2$
	2	76	—	—	24	52	II$_1$
	3	60	—	2	38	20.5	II$_2$

续表 3-2-4

采样位置	序号	显微组分/%				类型指数(TI)	干酪根类型
		腐泥组	壳质组	镜质组	惰质组		
2015HQ1 井	4	68	—	—	32	36	II₂
	5	63	—	—	37	26	II₂
	6	67	—	—	33	34	II₂
2015HQ2 井	1	74	—	—	26	48	II₁
	2	78	—	—	22	56	II₁
	3	75	—	—	25	50	II₁
湘涟页 1 井	1	8	—	83	9	−63.25	III
	2	2	—	90	8	−73.5	III
	3	25	—	65	10	−33.75	III
	4	30	—	58	12	−25.5	III
	5	35	—	55	10	−16.25	III
	6	65	—	28	7	37	II₂
	7	55	—	37	8	19.25	II₂
	8	10	—	79	11	−60.25	III
	9	3	—	88	9	−72	III
	10	28	—	61	11	−28.75	III
	11	63	—	30	7	33.5	II₂
涟页 2 井	1	47	44	5	1	64.25	II₁
	2	88	12	—	—	94	I
	3	80	18	1.5	0.5	87.37	I
	4	60	30	8	2	67	II₁
	5	55	28	13	4	55.25	II₁
	6	85	14	1	—	91.25	I
	7	95	5	—	—	97.5	I
	8	13	54.5	15	17	2.4	II₂
	9	32	35	2	1	47	II₁
	10	45	20	—	—	55	II₁

续表 3-2-4

采样位置	序号	显微组分				类型指数(TI)	干酪根类型
		腐泥组	壳质组	镜质组	惰质组		
2015HD6 井	1	181	2	27	90	23.9	II$_2$
	2	198	2	25	75	35.1	II$_2$
	3	186	1	30	83	27.0	II$_2$
	4	0	1	28	271	−97.2	III
	5	167	1	21	111	13.6	II$_2$

(三)二叠系龙潭组

湘中地区龙潭组主要沉积于广海潮坪、障壁潮坪、浅深海环境，主要富有机质页岩赋存于下段，以泥页岩、砂质泥岩、粉砂岩为主，有机质干酪根类型多样。宁博文(2015)对湘中地区龙潭组野外样品测试结果显示，干酪根以"腐泥无定形体"为主，可达 44.7%～76.3%，类型指数 TI 主要在 37.5～72.5 之间，以 II$_1$ 型干酪根为主，II$_2$ 型次之。2015HD3 井的龙潭组样品测试结果显示，腐泥组含量为 12%～70%，壳质组含量为 12%～50%，镜质组含量为 8%～29%，惰质组含量为 8%～32%，腐泥组颜色为棕褐色—棕色，根据干酪根类型指数 TI (表 3-2-5)，干酪根类型以 II$_1$ 型、II$_2$ 型为主，含少量 III 型干酪根，绝大部分的样品为 II$_1$ 型或者 II$_2$ 型，仅一个样品为 III 型。总体上，湘中地区二叠系龙潭组有机质类型主要为 II 型。

表 3-2-5 2015HD3 井龙潭组干酪根组分与类型

编号	腐泥组/%	壳质组/%	镜质组/%	惰质组/%	类型指数(TI)	干酪根类型
HD3-14	45	33	12	10	42.5	II$_1$
HD3-21	45	33	15	7	44.95	II$_1$
HD3-28	46	32	14	8	43.5	II$_1$
HD3-33	56	18	14	12	42.5	II$_1$
HD3-41	49	27	12	12	41.5	II$_1$
HD3-49	26	32	22	20	8.9	II$_2$
HD3-57	12	27	29	32	−24.85	III
HD3-67	17	41	28	14	5.9	II$_2$
HD3-84	57	23	12	8	51.5	II$_1$
HD3-95	52	24	8	16	42	II$_1$

续表 3-2-5

编号	腐泥组/%	壳质组/%	镜质组/%	惰质组/%	类型指数(TI)	干酪根类型
HD3-102	28	35	20	17	13.5	II_2
HD3-111	16	50	19	15	11.75	II_2
HD3-118	70	16	8	6	66	II_1
HD3-124	42	22	16	20	21	II_2
HD3-132	42	28	12	18	29	II_2
HD3-141	64	16	12	8	55	II_1
HD3-77	46	12	16	26	14	II_2

二、有机质丰度

有机质丰度是页岩气基础地质条件评价最重要的指标之一，也是衡量黑色页岩生烃能力的重要地球化学指标，在其他条件相近的前提下，岩石中有机质丰度越高，生烃能力越高，并且有机碳含量的高低会导致页岩气含气量的大小。评价指标包括有机碳含量(TOC)、氯仿沥青"A"、总烃含量及有机质热解生烃潜量(张厚福等,1989)。然而，我国南方海相下古生界泥页岩的高有机质成熟度区，氯仿沥青"A"、总烃含量及有机质热解生烃潜量等指标往往失去了其原有的地球化学指示意义。因此，下古生界海相黑色岩系的有机碳含量成为页岩有机质丰度评价的主要指标。有机碳含量是指单位质量岩石中有机碳的质量，一般用百分数来表示(%)。

(一)泥盆系佘田桥组

湘中坳陷佘田桥组地层普遍厚度巨大，存在两套含气地层，水体环境存在显著差异。底部钙质页岩为深水台盆相，水体安静，浮游生物、藻类、菌类死亡后在深水缺氧还原环境下保存，进而形成了相对高丰度暗色泥页岩系，佘田桥组沉积中晚期海水下降，还原环境减弱，形成了一套深灰色—黑灰色泥质灰岩、泥灰岩。下部页岩段与中部碳酸盐岩段有机质丰度特征明显不同。

以湘新页 1 井为例，整体有机质丰度介于 0.17%～8.26% 之间，平均为 1.19%（图 3-2-1），但下部页岩段 TOC 分布在 1.58%～8.26% 之间，平均为 3.4%，绝大部分 TOC 均大于 2%，最底部 26m 平均值更是高达 4.24%，是佘田桥组最优质烃源岩层；而上部碳酸盐岩段 TOC 明显较下段页岩小，主要分布在 0.55%～1.55% 之间，平均为 0.87%，大部分 TOC 小于 1%，烃源岩条件一般，考虑到此层属于碳酸盐岩地层，生烃条件会有所降低，并且该层总厚超过 300m，一定程度弥补了有机碳含量相对低的不足。

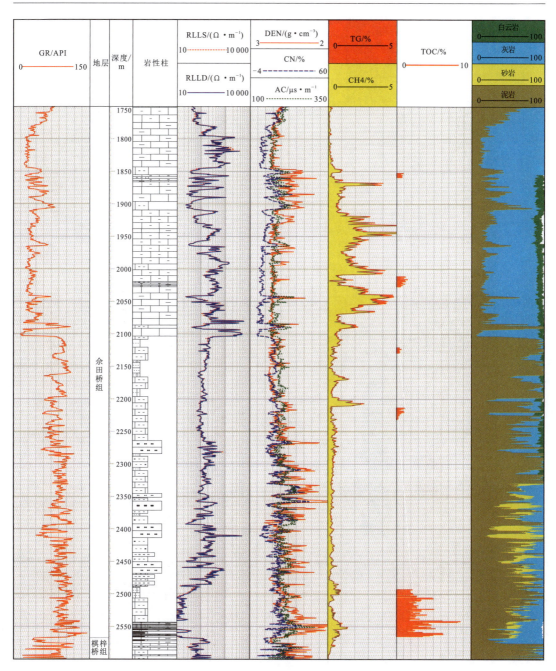

图 3-2-1 湘新页 1 井综合柱状图

湘新地 3 井佘田桥组 91 个样品的 TOC 介于 0.22%~4.8% 之间,平均为 1.37%。其中,下段富有机质页岩 TOC 介于 0.35%~4.8% 之间,最底部 TOC>2% 的页岩累计 52m(图 3-2-2),具有较大的页岩气勘探潜力。中部碳酸盐岩段 TOC 为 0.46%~1.4%,平均为 0.82%。湘新地 1 井主要钻遇碳酸盐岩地层,未进入底部页岩层,TOC 测试显示该地区佘田桥组碳酸盐岩段 TOC 介于 0.44%~2.23% 之间,平均为 0.88%。

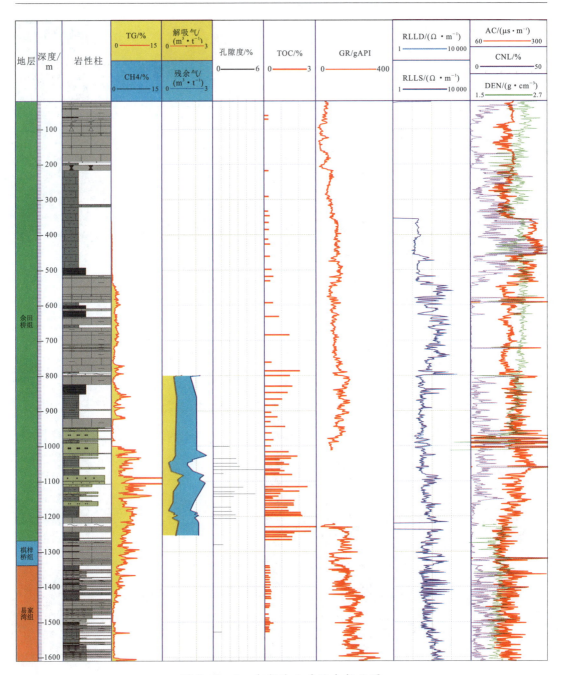

图 3-2-2 湘新地 3 井综合柱状图

邵阳市荆竹铺 2015HD2 井佘田桥组 174 个泥页岩样品的 TOC 分布范围介于 0.16%~4.82%之间,平均为 0.9%。生烃潜量(S_1+S_2)主要介于 0.03~0.1mg/g,平均为 0.05mg/g,相对较高,总体 TOC 大于 0.5%,具有较好的生烃潜力。佘田桥组下部主要为相对厚层泥页岩发育层段,然而其 TOC 也相对较低,第 3 岩性段由于具有相对较高的 TOC 构成相对有利层段(图3-2-3)。平面上,TOC高值区主要介于洞口县-武冈市2015HD2井之间,向西南方向呈长条状展布,主要为泥页岩发育有利部位,向两侧含量逐渐变低。总体上显示有机质丰度受到沉积相控制。深水台间盆地相由于水体安静,浮游生物、藻类、菌类死亡后在深水缺氧还原环境下保存,进而形成了相对高丰度暗色泥页岩系。

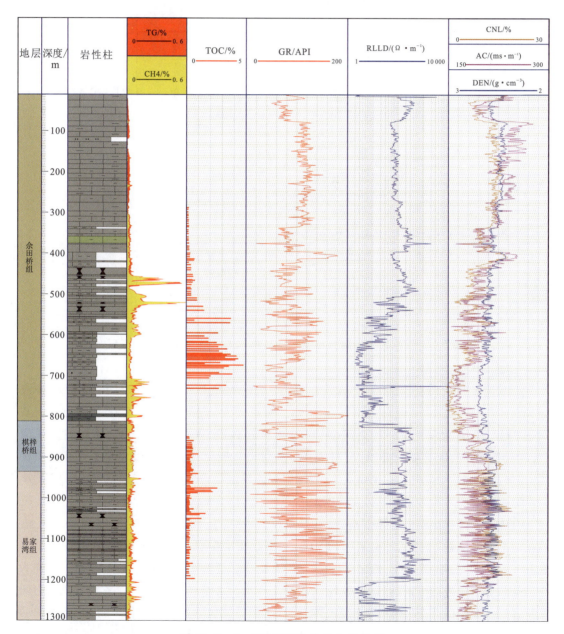

图3-2-3 2015HD2井综合柱状图

邵阳凹陷东部涟 4 井中佘田桥组下部为泥页岩发育层段,TOC 主要介于 0.62%～3.72%之间,平均为 1.74%,TOC>1.0%的页岩累计厚度可达 100m,具有相对较高的页岩气勘探潜力,构成相对最有利层段(图 3-2-4)。

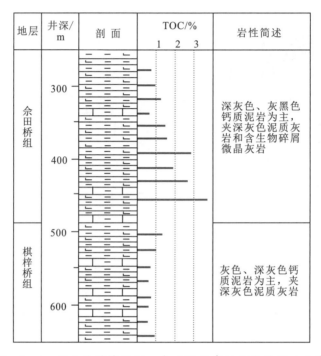

图 3-2-4 涟 4 井棋梓桥组—佘田桥组有机碳含量纵向分布图

湘双地 1 井佘田桥组泥页岩层系样品 86 块的有机碳测试结果表明,TOC 分布在 0.09%～2.28%之间,平均为 0.63%,自下而上有机碳含量逐渐降低。其中,底部富有机质页岩 TOC 在 0.22%～2.28%之间,平均为 0.9%,该段 TOC 大于 1.0%的样品占比为 33.3%,是该井的优质页岩层段,与湘新页 1 井可以进行对比。向上以中等—低有机质为主,碳酸盐岩含量明显升高,TOC 在 0.09%～0.78%之间,平均为 0.42%,该段 TOC 均小于 1%。

总体上佘田桥组有机质丰度高,受沉积相控制明显,主要分布于台盆相区,但纵向上表现出明显的分层性,下部钙质页岩平均 TOC 大多数在 1.5%以上,碳酸盐岩 TOC 主要分布在 0.5%～1%之间(图 3-2-5)。碳酸盐岩段有机质含量相比下部页岩段显著降低,但作为碳酸盐烃源岩条件尚可,并且巨厚的地层弥补了有机质含量稍差的缺陷。平面上表现为两个贯穿湘中坳陷的北东-南西向条带状高值区,西部高值区为武岗—隆回—新化一线,向两侧含量逐渐变低,末端分叉在涟源-娄底形成中间高值带,东部高值则沿祁阳—邵东—双峰一线(图 3-2-6),两个条带状高值可以作为涟源凹陷油气勘探勘探最有利区域。

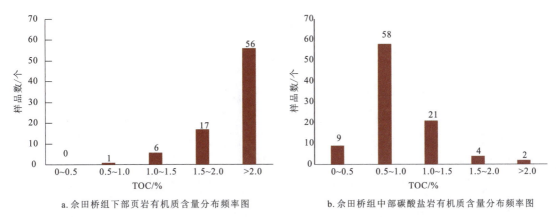

a. 佘田桥组下部页岩有机质含量分布频率图　　　b. 佘田桥组中部碳酸盐岩有机质含量分布频率图

图 3-2-5　湘中坳陷佘田桥组下部页岩与中部碳酸盐岩有机质含量分布频率图

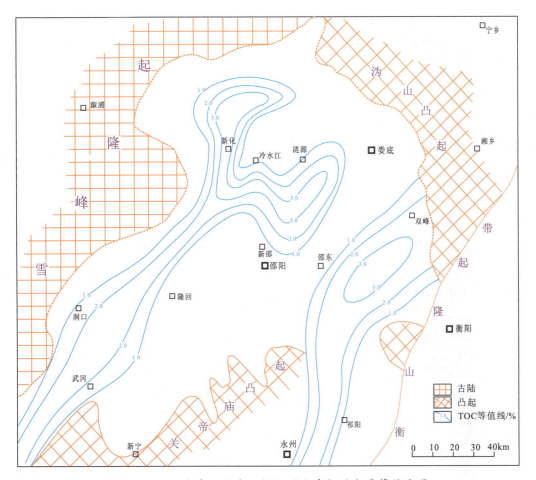

图 3-2-6　湘中坳陷佘田桥组页岩有机碳含量等值线图

(二)石炭系测水组

涟源凹陷车田江向斜涟页2井67块样品分析结果显示,测水组TOC介于0.25%～11.95%之间,平均为1.24%,显示为生烃潜力较好的泥页岩。其中140～160m为TOC最大值区间,主要介于0.9%～3.2%之间,平均为1.9%,为优质页岩发育段。

2015HD6井石炭系测水组全段TOC介于0.46～3.91%之间,平均为1.40%。该井下段1240～1340m为最高值段,TOC介于1.13～3.91%之间,平均为1.83%,为优质页岩发育段(图3-2-7)。

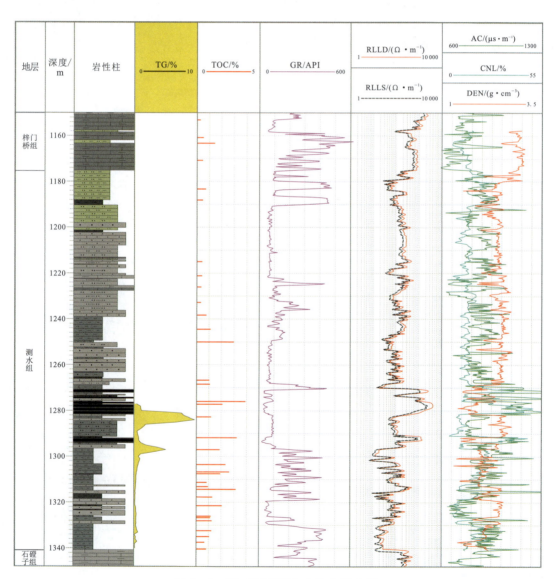

图3-2-7 2015HD6井综合柱状图

邵阳凹陷 2015HQ2 井测水组下段为潟湖-沼泽相沉积(图 3-2-8),黑色页岩 TOC 为 0.7%~7.21%,平均为 2.4%,并且呈现先下降后上升的趋势。最高值段主要集中于测水组下段上部,为一大套潟湖-沼泽相沉积,TOC 平均值为 1.98%~11.65%,是整个测水组最优质页岩气烃源岩层。上段为陆棚-障壁岛环境,TOC 含量急剧降低,仅为 0.44%~1.14%。2015HQ1 井 TOC 含量 0.53%~7.21%,平均为 2.16%,整体分布情况与 2015HQ2 井相近。野外露头上,武冈市司马冲镇—邵阳县蔡桥乡—新邵马家岭一线 TOC 含量最高,其中武冈雷家岭剖面 TOC 含量为 2.59%~11.10%,平均为 6.46%;武冈长抄剖面 TOC 含量为 1.89%~13.80%,平均为 7.90%(表 3-2-6)。

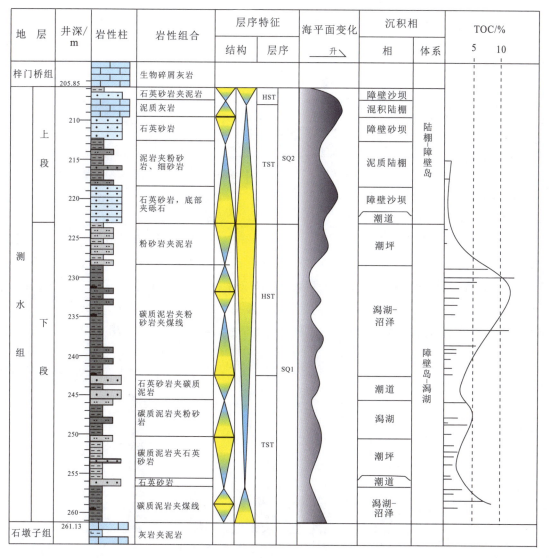

图 3-2-8 邵阳凹陷 2015HQ2 井测水组有机碳含量垂向分布图

表 3-2-6　湘中坳陷测水组有机碳含量一览表

序号	井名/剖面	TOC 平均值/%	序号	井名/剖面	TOC 平均值/%
1	涟页 2 井	1.9	12	冷水江矿区	1.53
2	2015HQ1 井	2.16	13	双峰梓门桥	2.45
3	2015HQ2 井	2.41	14	涟源市田心坪	0.71
4	武冈雷家岭	6.46	15	湘涟页 1 井	1.48
5	芦洪市凉水井	11.1	16	渣渡利北井田	2.21
6	武冈长抄	7.9	17	涟源市安平镇	2.6
7	邵东唐家岭	5.21	18	涟源市伏口良田	0.45
8	新宁高木塘	0.26	19	洞口桐木桥	0.44
9	新宁山石	1.39	20	邵东廉桥	1.5
10	新宁渡水	0.42	21	新邵新田铺	2.52
11	新化胜利煤矿	1.02	22	2015HD6 井	1.40

注：石炭系测水组少量沼泽环境沉积的煤层样品 TOC 含量极高，甚至能达到 50%～70%，这与形成环境相似的二叠系龙潭组相似，在实际计算过程中已予以剔除。

总体上，湘中坳陷石炭系测水组近一半的样品 TOC 在 2% 以上，其他样品 TOC 分布则较为分散（图 3-2-9）。平面分布存在 3 个高值中心，分别为新宁—隆回一带、双峰一带及新化—冷水江一带（图 3-2-10），中心区域 TOC 全部超过 2%。测水组 TOC 与沉积相分布密切相关，不同的沉积背景下差异明显，隆回滩头—桐木桥一带，靠近雪峰新宁—渡水镇—金称市镇一线，以及靠近越城岭隆起和牛头山隆起，两片区域测水组黑色泥页岩主要形

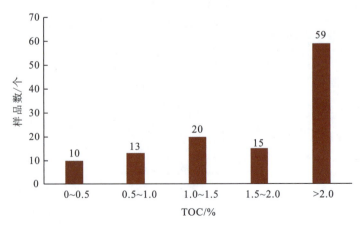

图 3-2-9　湘中坳陷测水组有机碳含量分布直方图

成于潮坪相沉积,水体较浅,砂岩含量较高,不利于有机质的生成,故 TOC 相对低,平均小于 1%;武冈市司马冲镇—邵阳县蔡桥乡一线,测水组黑色泥页岩形成于潟湖-泥炭沼泽相,水能量低,有利于有机质的生成与保存。

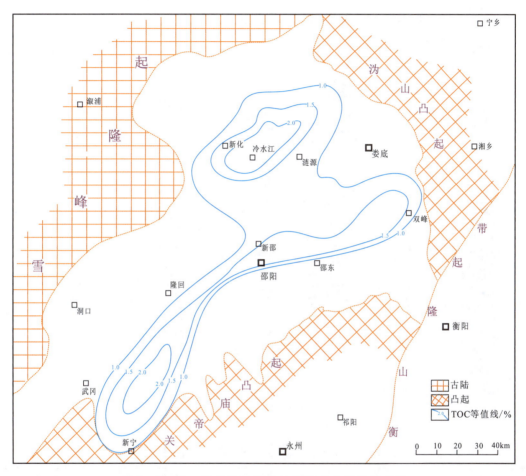

图 3-2-10　湘中坳陷测水组有机碳含量等值线图

(三)二叠系龙潭组

湘中坳陷龙潭组暗色页岩有机碳含量普遍较高。邵阳凹陷邓家铺镇 2015HD3 井龙潭组 114 个样品测试结果显示,TOC 介于 0.72%～8.94%之间,平均为 2.91%(图 3-2-11,表 3-2-7)。其中上段 TOC 最高,主要介于 1.2%～6.86%之间,大部分样品大于 2%,平均为 2.9%;下段 TOC 明显下降,仅小部分大于 1%。

邵阳县江冲剖面龙潭组下段 TOC 在 1%左右,上段 TOC 明显大于下段,大多数都在 10%以上,整体有机碳含量较高,上段沉积于潟湖相沉积环境中,高有机碳含量可能与潟湖相的安静缺氧水体环境有关。

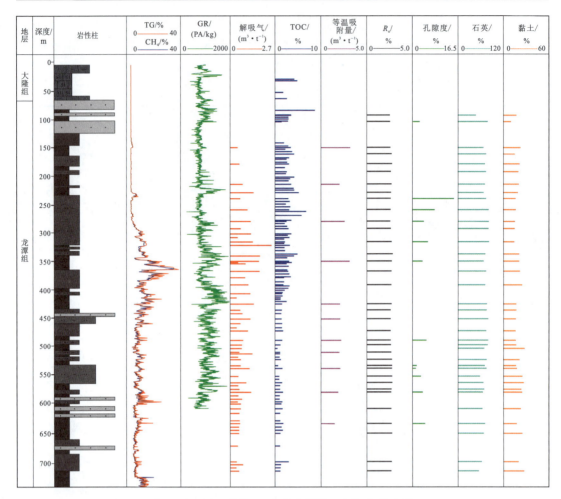

图 3-2-11 邵阳凹陷 2015HD3 井综合柱状图

表 3-2-7 湘中坳陷龙潭组有机碳含量一览表

序号	井名/剖面	TOC 平均值/%	序号	井名/剖面	TOC 平均值/%
1	新化马鞍山	2.75	8	邵阳籇脚底	2.32
2	涟源斗笠山	3.05	9	邵阳枫江溪	1.85
3	涟源观山	3.05	10	邵东县短陂桥	2.42
4	双峰洪山殿矿	1.55	11	邵东县牛马司	3.45
5	2015HD3 井	2.91	12	邵阳保和堂	1.97
6	邓家铺剖面	2.87	13	新宁岩门前剖面	0.41
7	隆回滩头	2.56	—	—	—

涟邵盆地 221 个龙潭组页岩样品中,21 个 TOC 小于 0.5%,60 个介于 0.5%~1.0%之间,32 个介于 1.0%~1.5%之间,15 个介于 1.5%~2.0%之间,大于 2.0%的样品高达 93

个,占总样数的42.08%(图3-2-12)。龙潭组有机碳含量总体较优越,仅少量样品不达标。平面上,湘中坳陷龙潭组高值区主要分布在以短坡桥-牛马司、邓家铺及涟源为中心的3个区域(图3-2-13),3个高值区平均值均超2%,生烃条件非常优秀。

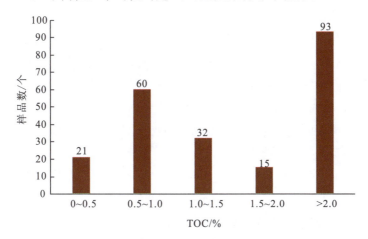

图3-2-12 湘中坳陷龙潭组有机碳含量分布直方图

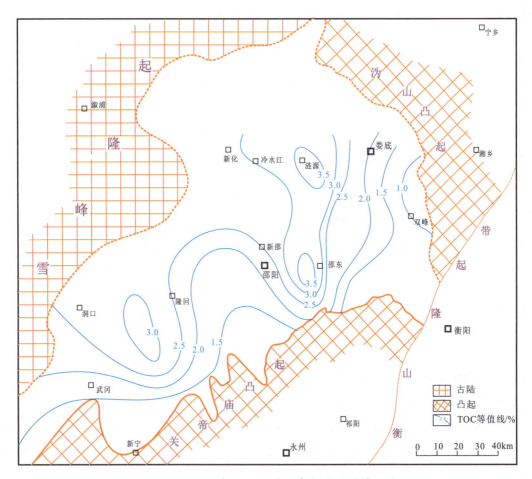

图3-2-13 湘中坳陷龙潭组有机碳含量等值线图

三、有机质成熟度

有机质成熟度是指沉积有机质在温度（主要与埋藏深度有关）、时间等因素的综合作用下向石油和天然气演化的程度。有机质成熟度决定着有机质生油、生气或者有机质向烃类转化的程度（张厚福等，1989）。一方面合适的有机质成熟度配合适宜的生烃条件能最大限度地发挥富有机质的生气潜力，另一方面合适的有机质成熟度能最大限度地提高页岩储集物性，而过高的有机质成熟度却可能破坏有机质孔隙结构，从而伤害页岩气储层。因此，有机质成熟度的高低不仅决定页岩的生烃潜能，也决定了高变质区域的含烃指数，同时也可用于后期页岩气藏勘探开发潜力的评估。

烃源岩转化为油气分 3 个阶段（Mastalerz et al.，2013），成岩作用阶段—未成熟阶段，深成作用阶段—成熟阶段，变质作用阶段—过成熟阶段。其中，未成熟阶段 R_o（有机质成熟度）$<0.5\%$，可形成一些非生物成因的降解天然气以及未熟油，整体处于生干气阶段，且生油气量少；成熟阶段 $0.5\%<R_o<1.35\%$，有机质演化的门限值开始至生成石油（低—中成熟）和湿气（高成熟）结束为止，处于生油窗，生油量在此阶段达到最大，天然气生成量也迅速增加，成熟阶段晚期会生成凝析油与湿气；过成熟阶段 $R_o>1.35\%$，该阶段是干酪根的结构进一步缩聚形成富碳的残余物质的阶段，生油量迅速下降，而产气量仍然非常大，气体类型主要为热成因干气。国内通常将上述过成熟阶段进一步按 $1.35\%<R_o<2.0\%$ 与 $R_o>2.0\%$ 分别划分为高成熟阶段与过成熟阶段。总体来说，页岩有机质成熟度 R_o 为 $0.6\%\sim3.0\%$ 之间一直处于生气高峰，表明有机质在向烃类转化的整个过程中都可以形成页岩气，即页岩气的成因可以是有机质生物降解、干酪根热降解、原油热裂解以及它们的混合成因（图 3-2-14）。

北美主流五大含气页岩 Ohio、Barnett、Lewis、Antrim、New Albany 有机质成熟度区间平均值分别在 $0.4\%\sim1.3\%$、$0.6\%\sim1.6\%$、$1.6\%\sim1.9\%$、$0.4\%\sim0.6\%$、$0.4\%\sim1.0\%$ 之间，除 Barnett 页岩所处的德拉华盆地中心区域，有机质成熟度均未超过 2%（李新景等，2007；杨振恒等，2013）。开发生产过程中，低有机质成熟度的 Barnett 页岩生气少，而高成熟的 Barnett 页岩区干酪根和油的裂解使生气量大幅增加提高，导致页岩气井气体流量大。与北美相比，中国主流页岩气储层普遍发育于早古生代地层，埋深多数在 $1500\sim4500$m 之间，成熟度通常大于 2%，甚至可达 3.0%，过高的有机质成熟度会破坏有机质孔隙结构，降低页岩孔隙度。因此，正确认识泥页岩的有机质成熟度和成烃演化特征是关系到研究区页岩气资源评价及其勘探突破的一个重要问题，北美页岩有机质成熟度评价标准并不能简单套用于我国页岩储层。

常用评价有机质成熟度的指标包括镜质体反射率、沥青等效反射率、岩石热解 T_{max}、气体同位素 $\log\delta^{13}C_1$—R_o 拟合法、伊利石结晶程度等，由于镜质体反射率的方便实用性，使其成为最常用的判断方法，其他方法一般用于辅助判断。

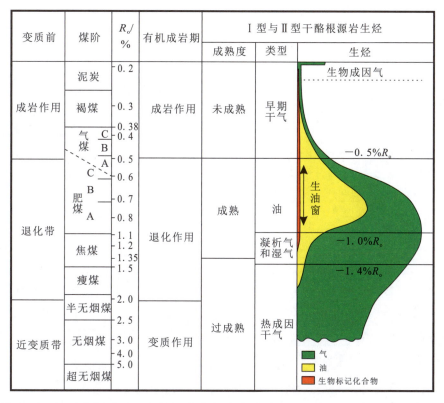

图3-2-14 有机质深化阶段与生油气关系图(据Mastalerz et al., 2013修改)

(一)泥盆系佘田桥组

泥盆系佘田桥组沉积环境偏海相,部分岩石中缺少镜质体,因此佘田桥组的有机质成熟度主要通过镜质体反射率来测定,并辅以沥青等效反射率、烷烃气体同位素拟合及T_{max}测试等手段。

涟源凹陷湘新页1井沥青等效反射率R_b主要分布在3.5%～4.0%之间,利用Jacob(1989)$R_o=0.618R_b+0.4$换算得出R_o主要分布在2.58%～2.9%之间(表3-2-8);烷烃气碳同位素$\delta^{13}C_1$—R_o回归方程(赵文智等,2008)拟合R_o为2.6%～3.3%,与沥青等效反射率换算所得基本一致;岩石T_{max}测试结果显示,除了最顶部处于成熟阶段以外,其余大部分为过成熟阶段,佘田桥组T_{max}在500℃左右,大部分地层大于500℃,最大达到609℃。岩石T_{max}与R_o一般存在定量或半定量的关系,虽然没法得出两者之间的精确对应关系,但是仍然能够通过T_{max}判断佘田桥组R_o大概率超过2%。根据多方法综合判断,湘新页1井佘田桥组R_o介于2.6%～3.1%之间。湘新地1井R_o在2.46%～2.65%之间,平均为2.51%。湘新地3井和张家冲剖面T_{max}介于434～535℃之间,平均为450℃,处于过成熟生气阶段,并且湘新地3井沥青等效反射率换算R_o在1.01%～3.35%之间,平均为2.46%。

表 3-2-8　湘中坳陷佘田桥组有机质成熟度一览表

序号	钻井/剖面	R_o/%	R_o平均值/%	T_{max}/℃	平均值/℃
1	湘涟地1井	1.61~1.68	1.65	—	—
2	湘新地3井	1.01~3.35	2.46	344~535	450
3	湘新地1井	2.46~2.65	2.51	—	—
4	湘新页1井	2.58~2.90	2.73	438~550	510
5	张家冲剖面	1.61~1.68	1.65	364~534	466
6	2015HD2井	0.85~1.83	1.47	356~534	418
7	武冈马坪剖面	—	3.39	—	—
8	隆回长塘剖面	—	2.43	—	—
9	隆回五星剖面	—	2.18	—	—
10	邵地1井	1.65~2.12	1.95	—	—
11	简家垅剖面	—	3.28	—	—
12	佘田桥剖面	—	2.59	—	—
13	邵东水江东剖面	2.16	—	—	—
14	邵东杨桥剖面	—	2.59	—	—
15	湘双地1井	1.5~2.0	1.86	—	—

邵阳凹陷2015HD2井佘田桥组暗色泥岩沥青等效反射率显示，R_o在0.85%~1.83%之间，平均为1.47%；T_{max}为356~534℃，平均为418℃，同样处于成熟—过成熟生气阶段。湘双地1井佘田桥组有机质成熟度R_o介于1.5%~2.0%之间，处于高成熟—过成熟生气阶段。

总体上，泥盆系佘田桥组有机质成熟度平面分布存在一个明显的低值中心，大概在湘中涟邵盆地中部武冈—邵阳—娄底一带，R_o在1.5%~2.0%之间，向周边逐步增大，但大部分不超过3%，热演化程度相对适中。值得注意的是，除了中心大部分地区的正常分布外，湘中涟邵盆地周缘如东北与东南两个方向存在R_o高值区(图3-2-15)，推测认为与石炭系测水组相似，佘田桥组热演化程度也在一定程度上受到岩浆活动的影响，尤其是印支期岩浆活动。

(二)石炭系测水组

涟源凹陷页岩有机质成熟度普遍介于2.37%~3.24%之间，平均为2.85%。湘涟页1井测水组有机质成熟度为2.9%~3.36%，平均为3.13%。2015HD6井有机质成熟度介于2.6%~2.97%之间，平均为2.76%。以湘涟页1井与2015HD6井为代表的凹陷中心有机

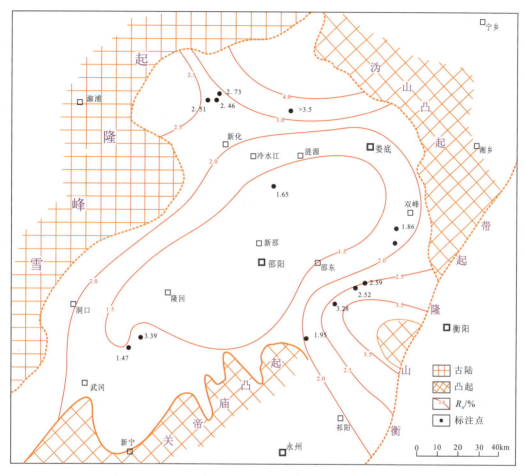

图3-2-15 湘中坳陷佘田桥组有机质成熟度等值线图

质成熟度分布稳定,凹陷西部及以天龙山为代表的西南部有机质成熟度突然增高,天龙山地区甚至高达9%。

邵阳凹陷有机质成熟度整体分布稳定,凹陷中心地区变化不大,维持在2%~3%之间。西南部雷家岭和山石一带R_o最高,雷家岭R_o为3.89%~4.67%,平均为4.16%;山石R_o为3.67%~3.87%,平均为3.77%。这可能与邵阳凹陷西南部广泛发育印支期侵入岩体有关,岩浆的侵入加大了测水组泥页岩的热演化程度,从雷家岭-山石-长抄地区,离岩体距离逐渐加大,热演化程度逐渐降低,雷家岭最高,山石次之,长抄最小。远离岩体,向凹陷中心,热演化程度逐渐增高,位于邵阳凹陷西南缘且远离岩体的高桥地区,热演化程度最低,2015HQ2井R_o为1.39%~2.12%,平均为1.8%。向凹陷中心,R_o增大,位于高桥的2015HQ1井,R_o为2.01%~2.14%,平均为2.09%;凉水井地区R_o为2.25%~2.69%,平均为2.43%;高木塘一带R_o最高,仅测试了一件样品,为3.55%。另外,Rock—Eval热解分析显示,T_{max}为325~573℃,平均为478℃,且所有泥页岩样品的氢指数很低,说明大部分泥页岩样品都经历过高成熟—过成熟阶段,有利于页岩气的生成。

岩浆活动可以通过多种途径影响地温,岩浆和岩浆岩体直接把热传导给围岩,提高围岩温度,如天龙山侵入岩体导致围岩温度升高产生变质作用和热演化。天龙山侵入岩体外围测水组地层(寒婆坳向斜)4个样品检测结果,H/C比分别为0.074、0.105、0.213和0.315,有机质成熟度为9.50%(煤层已热变质为石墨)(表3-2-9)。因此,侵入岩体导致的围岩温度升高对有机质丰度影响不显著,但对有机质演化进程有明显影响,离岩浆岩体(侵入岩)越近,有机质成熟度越高。但是,岩浆岩体对有机质演化的影响有范围限制,离岩浆岩体4km以上逐渐趋弱。

表3-2-9 湘中坳陷测水组有机质成熟度一览表

采样点号	采样地点	$R_o/\%$	采样点号	采样地点	$R_o/\%$
1	2015HD6	2.76	21	冷水江化溪	2.49
2	涟页2井	2.62	22	冷水江矿山乡	2.33
3	湘涟页1井	3.2	23	新化温塘焕新煤矿	2.77
3	金竹山一井	3.56	24	新化潮水乡	2.27
4	金竹山二井	3.24	25	新化满竹	2.15
5	金竹山三井	2.36	26	新化科头乡	2.05
6	利民煤矿	2.97	27	新化油溪	1.95
7	安平煤矿	3.15	28	新化白塘	2.7
8	浆江煤矿	2.53	29	新化天龙山	9.5
9	涟源芙蓉乡	2.7	30	资江煤矿	3.39
10	涟源三甲	2.37	31	双峰	3.61
11	涟源仙洞	1.6	32	双峰蛇形山镇	2.47
12	涟源七星街	1.86	33	新邵龙溪铺	4.63
13	涟源恩口	2.14	34	邵阳城南	2.43
14	涟源沙坪煤矿	2.78	35	2015HQ2	1.8
15	涟源大桥乡	2.75	36	2015HQ1	2.09
16	涟源新坪煤矿	3.12	37	芦洪市凉水井	2.43
17	娄底金盆湾	2.54	38	新宁高木塘	3.55
18	冷水江中连民主矿	3.27	39	武冈长抄	2.83
19	冷水江中连联合矿	2.16	40	新宁山石	3.77
20	冷水江中连南宫矿	2.69	41	武冈雷家岭	4.16

注:数据源自页岩气钻井、实测剖面及部分前人资料。

整体上,湘中坳陷测水组有机质成熟度分布在 2.0%～3.0%之间,平面上分布不均匀,存在几个异常高值区(图 3-2-16):①新化南-新邵-涟源三角地带,中心区有机质成熟度甚至超过 9%;②双峰以东;③新宁-永州以南;④新化油溪以西。推测以上 4 个地区可能受到地下隐伏岩体影响,其他地区则相对稳定。

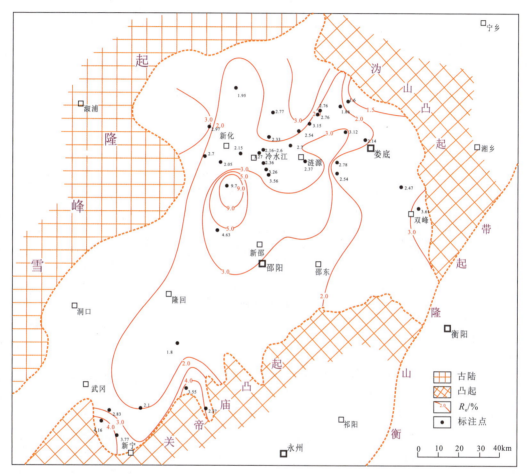

图 3-2-16 湘中坳陷测水组有机质成熟度等值线图

(三)二叠系龙潭组

湘中坳陷龙潭组有机质成熟度存在南北差异,北部涟源凹陷普遍较薄,分布面积较小。涟源凹陷斗笠山剖面有机质成熟度为 1.73%,新化马鞍山剖面有机质成熟度为 1.67%,娄底香花台有机质成熟度为 1.67%,娄底北部有机质成熟度有所增大,局部有机质成熟度超过 2%。

邵阳凹陷页岩气调查井 2015HD3 井 36 个样品测试结果显示,龙潭组有机质成熟度从下段到上段没有明显变化,基本介于 2.40%～2.73%之间,平均为 2.56%(表 3-2-10),大量数据样品证实了数据的可靠性,同时也表明龙潭组富有机质页岩已经进入了高成熟—过成熟阶段。邓家铺的实测剖面样品测试结果也显示龙潭组有机质成熟度平均达到了 2.67%。邵阳凹陷的西南部有机质成熟度稍有降低,平均为 2.33%;东部的仙搓桥、荷吕观剖面及邵阳市泉塘村都在 2%以上(包书景等,2016),其中仙搓桥剖面平均达 2.67%。邵阳凹陷最小 R_o 在廉桥地区,为 0.9%;邓家铺地区有机质成熟度为 2.67%;隆回三比田 R_o 高达 3.3%,为区域最高。牛马司矿区与短陂桥矿区 R_o 在 1.65%左右,而邵阳凹陷南部新宁向斜岩门前剖面 R_o 为 2.54%。

表 3-2-10 湘中坳陷龙潭组有机质成熟度一览表

序号	取样位置	R_o/%	资料来源
1	2015HD3 井	2.56	钻井
2	邓家铺剖面	2.67	实测
3	新宁岩门前	2.33	实测
4	邵东仙搓桥	2.67	实测
5	邵东何吕观	>2	实测
6	邵阳市泉塘村	>2	包书景等,2016
7	隆回北山镇	>2	包书景等,2016
8	邵阳市黄亭镇-三比田	>2	包书景等,2016
9	洪山殿矿区	1.98	湖南煤田
10	斗笠山剖面	1.73	湖南煤田
11	新化马鞍山	1.67	湖南煤田
12	娄底香花台	1.67	湖南煤田
13	邵东牛马司	1.65	湖南煤田
14	邵阳短陂桥	1.64	湖南煤田
15	邵东廉桥	0.90	湖南煤田
16	新宁向斜	2.54	湖南煤田
17	邵阳箍脚底	2.61	湖南煤田
18	隆回三比田	3.30	湖南煤田

注:数据来自实测钻井、剖面等数据,并参考借鉴部分前人资料。

综上,湘中坳陷龙潭组有机质成熟度比较稳定,且变化幅度不大,主要介于 1.5%~2.5%之间,有机质演化总体处于高成熟—过成熟阶段,仅在以邵阳县为中心的少部分区域 $R_o>3.0\%$(图 3-2-17)。

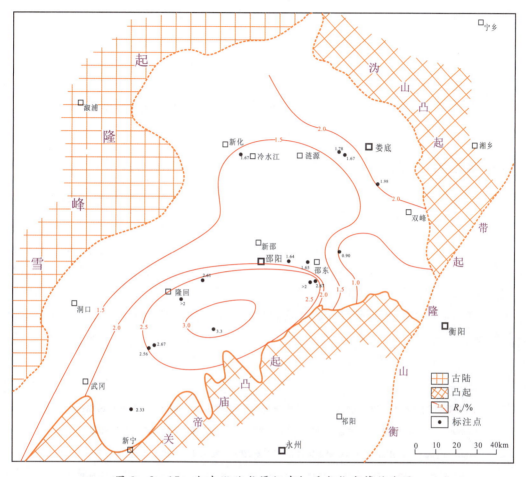

图 3-2-17 湘中坳陷龙潭组有机质成熟度等值线图

第三节 页岩储层特征

  页岩储层物性作为页岩含气性与开采条件的重要决定因素，越来越受到国内外众多学者的关注。页岩储层相对于常规油气储层具有极低孔低渗（孔隙大小一般达到纳米级）、富含有机质与黏土矿物、比表面积巨大、复杂的成岩作用改造等特性，其储集条件优劣是页岩气富集主控因素之一。页岩的孔隙结构与特性不仅影响了气体的储集和吸附能力，而且影响了页岩气的运移与开采（杨峰等，2013）。

一、岩石矿物特征

页岩的矿物组成一般以石英或黏土矿物为主,此外还包括方解石、白云石等碳酸盐矿物以及长石、黄铁矿和石膏等矿物。黏土矿物包括伊利石、伊/蒙混层、蒙脱石、高岭石、绿泥石、绿/蒙混层等。本次研究主要通过 X 射线衍射(XRD)技术对页岩全岩及黏土的物质组成进行分析。

(一)泥盆系佘田桥组

佘田桥组主要存在中上碳酸盐岩烃源气层与下页岩气层两套气层,且岩性明显不同,矿物组分特征差异显著。

以湘新页 1 井为例,下部页岩段石英平均含量为 40.5%(27.7%~58.2%),长石(包括钾长石、斜长石)平均含量为 6%(3.8%~8.1%),碳酸盐矿物(包括方解石、白云石、铁白云石、菱铁矿等)平均含量为 26.3%(6.3%~56.1%),黏土矿物平均含量为 23.9%(13%~34.8%)(图 3-3-1)。中部碳酸盐岩段碳酸盐矿物总含量平均为 64.3%(47%~81.5%),石英平均含量为 16.5%(7%~25.7%),长石平均含量为 2.1%(0~3.5%),黏土矿物平均含量为 11.3%(8.3%~13.3%)(图 3-3-2)。

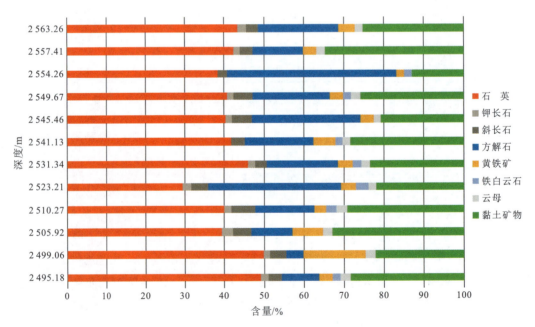

图 3-3-1 湘新页 1 井佘田桥组下部页岩全岩矿物组分

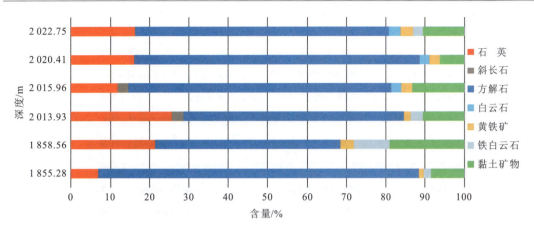

图3-3-2　湘新页1井佘田桥组中部碳酸盐岩全岩矿物组分

湘新地3井下部页岩段石英平均含量为40%（11.9%~89%，波动较大），长石平均含量为2.8%（0.9%~7.7%），碳酸盐矿物平均含量为24.5%（2.7%~35.2%），黏土矿物平均含量为23.9%（13%~34.8%）（图3-3-3）。中部碳酸盐岩段碳酸盐矿物总含量平均为53.7%（22%~65.9%），石英平均含量为16.5%（7%~25.7%），长石平均含量不足1%，黏土矿物平均含量为22.5%（13.9%~37.2%）（图3-3-4）。上、下段黄铁矿含量变化不大，基本都在2%左右。

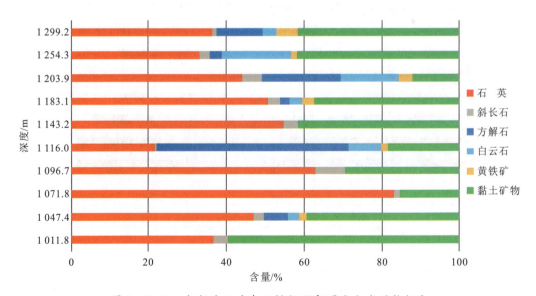

图3-3-3　湘新地3井佘田桥组下部页岩全岩矿物组分

湘新地1井仅钻遇中部碳酸盐岩地层，测试结果显示碳酸盐矿物总含量平均为70.5%（52.9%~96.1%），黏土矿物平均含量为16.7%（7.9%~24.4%），石英平均含量为15.4%（2.5%~29.8%）（图3-3-5）。

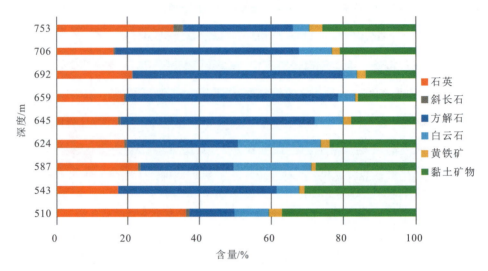

图 3-3-4 湘新地 3 井佘田桥组中部碳酸盐岩段全岩矿物组分

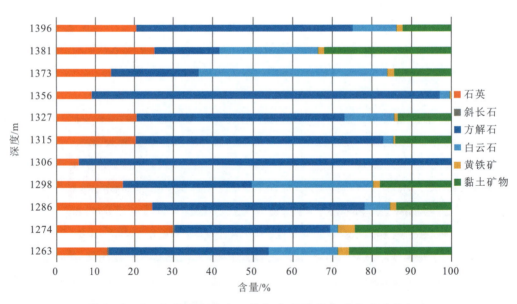

图 3-3-5 湘新地 1 井佘田桥组中部碳酸盐岩全岩矿物组分

邵阳凹陷湘洞地 1 井主要矿物为石英和方解石,其中石英平均含量为 38.0%(21.51%～57.12%),方解石平均含量为 31.45%(4.73%～55.0%),黏土矿物平均含量为 20.46%(15.75%～28.77%),白云石、铁白云石、黄铁矿、磁铁矿等矿物平均含量均在 10% 以下(图 3-3-6)。部分样品中含黄铁矿,指示强还原沉积环境,有利于有机质的富集和保存。包括石英、长石、方解石、白云石、铁白云石在内的脆性矿物平均含量为 77.96%,脆性矿物含量高,黏土矿物含量低于 30%。

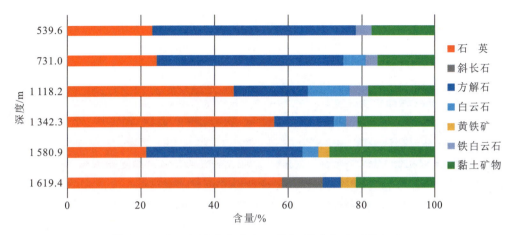

图 3-3-6 湘洞地 1 井佘田桥组页岩全岩矿物组分

湘中坳陷佘田桥组样品按碳酸盐矿物、黏土矿物及长英质含量分类投影到三角图上,下部页岩段与中部碳酸盐岩段差异明显,前者主要落入长英质区域,而后者则明显更倾向于碳酸盐矿物区域(图 3-3-7)。

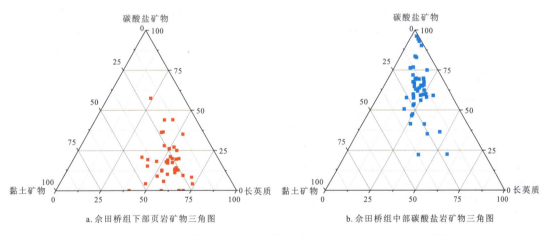

a. 佘田桥组下部页岩矿物三角图　　　　　b. 佘田桥组中部碳酸盐岩矿物三角图

图 3-3-7 佘田桥组下部页岩与中部碳酸盐岩矿物组分三角图

黏土矿物中主要成分为伊利石与伊/蒙混层,以湘新页 1 井为例,黏土矿物中伊利石占比约 56.8%,伊/蒙混层占比约 24.4%,绿泥石占比约 12.5%(图 3-3-8),并可见少量高岭石,暗示页岩有机质成熟度相对较高。湘新地 3 井页岩段黏土矿物中伊利石占比为 36%~93%,平均为 72%,伊/蒙混层占比为 6%~37%,平均为 16.4%,相比其上段伊利石含量明显增加,表明岩石有机质成熟度相对更高;碳酸盐岩段黏土矿物中伊利石占比约 52%,伊/蒙混层占比为 43%,可见少量绿泥石。湘新地 1 井黏土矿物中伊利石占比为 35%~56%,平均为 44%,伊/蒙混层占比为 38%~59%,平均为 51%,可见少量绿泥石。湘洞地 1 井佘田桥组泥页岩黏土矿物中伊利石占比为67.5%～96.5%，平均为77.6%，占比非常高，其次为绿泥石和高岭石，平均占比分别为17.08%和5.25%，黏土矿物中未见伊/蒙混层，说明有机质成熟度非常高，蒙脱石完全转变。

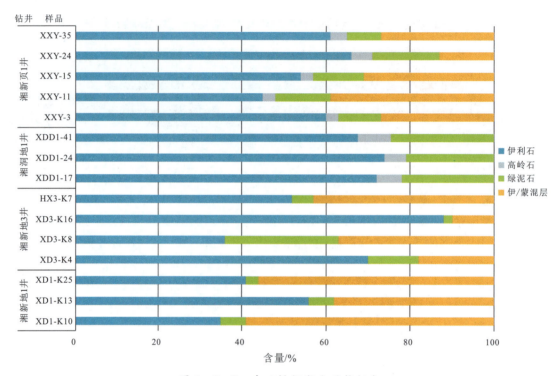

图3-3-8 佘田桥组黏土矿物组分

总体上，湘中坳陷泥盆系佘田桥组下部页岩段长英质含量为28%～49%，碳酸盐矿物含量为9%～40%，黏土矿物含量变化不大，主要介于20%～28%之间。中部碳酸盐段气层的碳酸盐矿物含量为54%～68%，长英质含量为15%～21%，黏土矿物含量波动较大，介于11%～23%之间，脆性矿物含量占比非常高。黏土矿物中以伊利石为主，伊/蒙混层次之，绿泥石与高岭石少量。

(二)石炭系测水组

湘中坳陷石炭系测水组矿物组分相对稳定，以石英与黏土矿物为主。石英含量最高，平均可高达69.6%（50.0%～87.0%），黏土矿物次之，平均含量为21.8%（8.2%～34.9%），黄铁矿含量平均为4%（0.9%～19%），碳酸盐矿物平均含量为3.3%（1.2%～9.7%），长石含量均较少，平均含量仅为1.2%。

典型钻井如涟页2井石英含量为51.8%～87.7%，长石、黄铁矿、碳酸盐矿物含量为0.8%～12.1%，脆性矿物含量为76.4%；涟参1井石英含量为46.7%～78.2%，长石含量极低,黄铁矿、碳酸盐矿物含量为2.2%~25.6%,脆性矿物含量为75.1%;2015HD6井石英平均含量为70.1%(52.37%~86.41%),斜长石平均含量为2.44%(1.51%~3.38%),方解石平均含量为2.07%(0.71%~3.42%),白云石平均含量为1.49%(0.76%~2.05%),黄铁矿平均含量为4.01%(0.9%~7.47%),黏土矿物平均含量为24.16%(10%~33.38%),脆性矿物平均含量可达71.25%(60.19%~83.22%);2015HQ1井石英平均含量为70.5%(57.5%~83.2%),黏土矿物平均含量为21.2%(11.2%~40.1%),碳酸盐矿物平均含量为3.4%,其余矿物组分含量非常低;2015HQ2井石英平均含量为59.9%(19.7%~67.7%),黏土矿物平均含量为24.2%(11.2%~40.1%),碳酸盐矿物平均含量为3.7%,黄铁矿平均含量为5.5%,为湘中坳陷最高值;湘涟页1井石英平均含量为50%(43.0%~69.0%),斜长石平均含量为3.14%(1.0%~6.0%),碳酸盐矿物平均含量为4.0%,菱铁矿平均含量可达2.7%,为湘中坳陷最高值,黏土矿物平均含量为34.9%(28.0%~51.0%)。

　　平面上,测水组矿物组成受控于岩相古地理,越靠近湘中坳陷周缘隆起区,石英含量越高,如芦洪凉水井、新宁-渡水及邵东唐家岭等地,石英含量平均值超过70%(图3-3-9),而凹陷中心的湘涟页1井、2015HD6井及邵阳蔡桥等地相对其余剖面或钻井石英含量明显偏低。另外,海侵方向为自西南向东北,石英含量也相应自西南向东部降低,比如西南部的武冈长抄和新宁山石,石英含量为67.22%~83.86%,平均为78.71%,在潟湖-沼泽中央的两口浅钻,测水组石英组分含量略低。

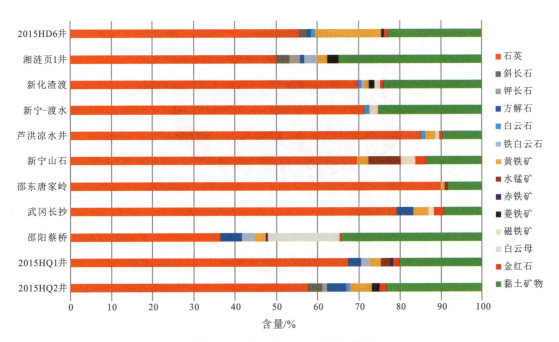

图3-3-9　测水组全岩矿物组分

垂向上，以邵阳凹陷 2015HQ2 井为例，黏土矿物垂向上有一定的变化规律，反映沉积环境水介质酸碱度和盐度的垂向变化。测水组形成初期，介质偏碱性，接近正常盐度条件，沉积环境为海湾潟湖，所形成的黏土矿物以伊利石为主；在主要的煤层形成期，气候潮湿温暖，介质酸性，为淡水—半咸水条件，沉积环境为潟湖-沼泽相，所形成的黏土矿物以高岭石为主，伊利石次之；测水组沉积晚期，气候开始变得干燥，沉积环境为陆棚环境，介质偏碱性，盐度正常，形成的黏土矿物以伊利石为主，高岭石次之，同时，绿泥石也明显增加。总之，黏土矿物组成垂向上的变化，反映了测水组形成时期先经历弱碱性、接近正常盐度—淡水、半咸水—偏碱性、接近正常盐度的介质条件。

值得注意的是，岩芯样品普遍含有方解石，而露头样品仅少数检测出方解石，绝大部分样品均不含长石，而普遍含有金红石，含量为 0～5.8%，平均为 1.83%，表明测水组样品有机质成熟度高。

总体而言，测水组脆性矿物含量高，以石英为主，占比超过 75%（图 3-3-10），不含长石，碳酸盐矿物含量很少，黏土矿物主要为伊利石，高岭石和绿泥石次之。脆性矿物的含量影响页岩中孔洞的发育，较高的脆性矿物含量可以有效增加页岩储集空间的渗流通道，有利于页岩气的储集和开发；而碳酸盐矿物会导致页岩层吸附甲烷的能力减弱，其易填充页岩中的原生孔隙，导致页岩气储集空间的减少。研究区测水组样品具有高的脆性矿物含量，极低的碳酸盐矿物含量，因此，研究区测水组具有良好的储集性能。

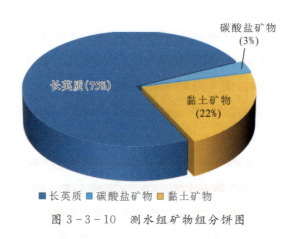

图 3-3-10　测水组矿物组分饼图

黏土矿物中主要为伊利石与伊/蒙混层，其次为高岭石与绿泥石，平均占比分别为 43.5%、21.9%、16% 和 11.8%（图 3-3-11），不含蒙皂石。伊利石、高岭石对气体的吸附能力一般高于蒙皂石，且蒙皂石遇水易膨胀，不利于储层改造，因此黏土矿物中较高含量的伊利石、高岭石与较低含量的蒙皂石更有利于泥页岩对气体的吸附与储层的后期改造。

（三）二叠系龙潭组

二叠系龙潭组矿物组分比较稳定，主要以石英、黏土矿物为主。石英含量最高，平均可

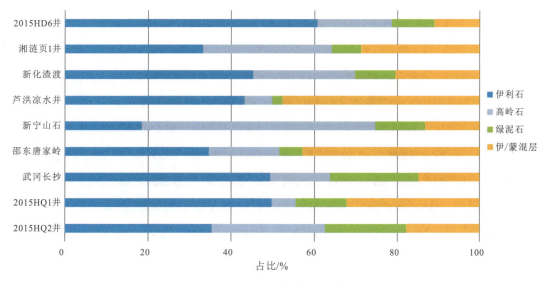

图 3-3-11 测水组黏土矿物组分

达 72.6%(55.7%～90.1%),长英质总和可达 77%以上,黏土矿物次之,平均含量为 21.8%(8.7%～40.6%),菱铁矿平均含量为 1.9%(0.8%～11.6%),碳酸盐矿物(除菱铁矿以外)、长石及其他矿物含量极少,均小 1%(图 3-3-12)。以 2015HD3 为例,石英平均含量为 71.6%(46.9%～81.5%),黏土矿物平均含量为 18.77%(9.2%～27.2%),长石、黄铁矿及碳酸盐矿物等少量;邵东县何吕观剖面石英平均含量为 60.3%(55.7%～65.0%),黏土矿物平均含量为 32.7%(24.7%～40.6%),其余矿物组分较少;新宁县岩门前剖面石英含量更高,平均值甚至达 86.6%(83.1%～90.1%),不含长石,黏土矿物平均含量为 12%(8.7%～15.3%),其余矿物组分合计仅 1.4%(图 3-3-13)。

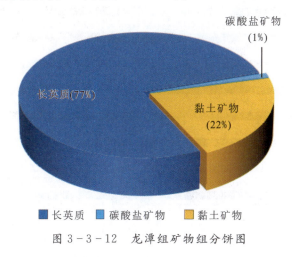

图 3-3-12 龙潭组矿物组分饼图

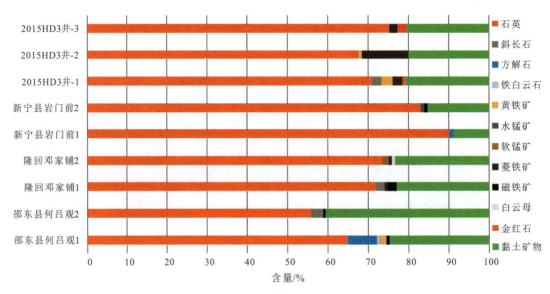

图 3-3-13 龙潭组全岩矿物组分

黏土矿物组分中伊利石平均占比为 56.0%(23.5%~90.0%),伊/蒙混层平均占比为 23.3%(0%~95.0%),高岭石与绿泥石平均占比分别为 7.9%、9.9%(图 3-3-14)。高岭石与绿泥石含量较稳定,但是伊利石与伊/蒙混层含量变化大,靠近邵阳凹陷西南隆起区伊利石含量非常高,进入凹陷中心则伊/蒙混层含量增加。所有样品均不含蒙脱石,说明岩石有机质成熟度较高。

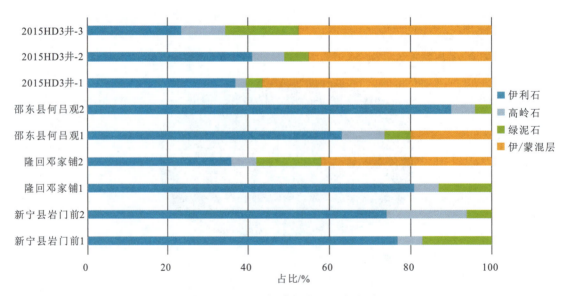

图 3-3-14 龙潭组黏土矿物组分

脆性矿物含量高意味着页岩储层具更好的压裂性,并且脆性矿物含量高的岩层在成岩过程中易生成天然微裂缝从而改善储集性能,因此脆性矿物含量高的层段含气性较好。美国主要页岩气产层的石英含量为28.0%~52.0%,碳酸盐矿物含量为4.0%~16.0%,脆性矿物总含量为46.0%~60.0%,湘中坳陷二叠系龙潭组富有机质页岩的矿物组成与美国相比,具更高的脆性矿物含量,更低的黏土矿物含量,相应的储集物性与可压裂性可能会更好。

二、孔渗特征

页岩气藏属于低孔特低渗且存在吸附—解吸等特性的非常规气藏。孔隙度大小直接影响着页岩气的游离气和吸附气含量,在成熟页岩气勘探开发地区四川盆地数据证实页岩孔隙度与含气量具有显著正相关性(张汉荣,2016)。良好的渗流条件及后期裂缝改造,为页岩气体从基岩孔隙或微裂缝中排出进入运移通道起到了决定性的作用。孔渗能力共同影响了页岩气富集、成藏及运移的能力,也关乎页岩气储层能否高产。

(一)泥盆系佘田桥组

1. 孔隙度与渗透率

湘中坳陷泥盆系存在多口钻井资料,湘新页1井29件岩芯样品核磁共振测试表明孔隙度主要分布在1.96%~4.72%之间,平均为3.19%,3%~4%之间的样品占比60%;渗透率主要分布在0.005~0.03mD之间,平均为0.013mD。湘新地3井佘田桥组孔隙度分布在0.93%~6.01%之间,主要分布在2%~3%之间;渗透率分布在0.000 091 6~0.002 29mD之间,平均为0.011mD,其中86.7%的样品渗透率小于0.01mD。湘新地1井孔隙度普遍小于3%,主要分布在1%~3%之间,该井检测样品集中在中上段碳酸盐岩段,与湘新页1井碳酸盐岩段对应。2015HD2井佘田桥组样品物性测试结果显示,泥页岩孔隙度为0.62%~3.17%,平均为1.6%,其中80%样品孔隙度小于2.2%,孔隙度为1.5%~1.8%的样品占所有样品的46.7%;渗透率为0.000 05~0.142mD,平均为0.011mD,其中86.7%的样品渗透率小于0.01mD。湘双地1井有效储层孔隙度分布区间为0~20%,孔隙度超过10%的样品受该段裂缝发育的影响,剔除裂缝影响样品,孔隙度主要分布在1.0%~4.0%之间,渗透率主要集中在0.001~0.1mD。

总体上,泥盆系佘田桥组175个泥页岩样品测试结果显示孔隙度主要分布区间为1%~2%(图3-3-15),2%~3%区间次之,部分超过3%。渗透率主要介于0.000 1~0.025 7mD之间,平均为0.016mD,大部分样品渗透率小于0.03mD(图3-3-16)。

2. 页岩低温氮气吸附实验

由国际纯粹与应用化学联合会(IUPAC)提出的物理吸附等温线类型分类,佘田桥组页岩氮气低温吸附—脱附曲线属于Ⅳ型(Sing et al.,1985),在相对压力p/p_0低的区域,微孔

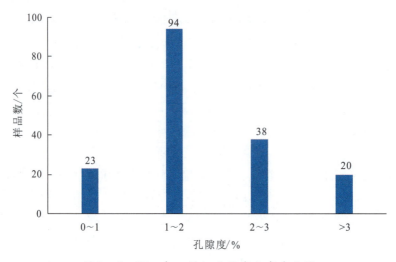

图 3-3-15　佘田桥组孔隙度分布直方图

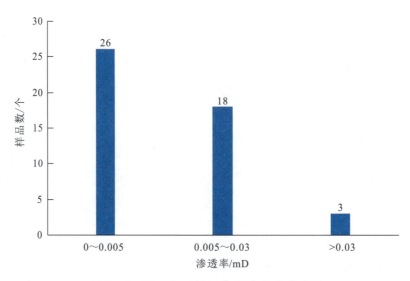

图 3-3-16　佘田桥组渗透率分布直方图

填充作用导致气体吸附量快速增长，之后进入平台状多层吸附阶段，在相对压力 p/p_0 接近 1 时，由于毛细凝聚现象导致吸附量急剧上升，说明存在相当比例的大孔。滞后环的类型属 H3 型，由于封闭性孔包括一端封闭的圆筒形孔、平行板孔和圆锥形孔，不能产生吸附回线，尽管墨水瓶孔作为一种特殊形态的半封闭孔，能产生滞后回线，但解吸曲线存在急剧下降的拐点，测试结果显示不存在很急剧拐点，因此可以排除墨水瓶孔的存在，确定页岩孔隙普遍为开放性且具平行板壁的狭缝状孔。脱附曲线不存在明显的"强迫闭合"现象，多数表现为较弱的"闭合"现象（图 3-3-17a），甚至完全没有"闭合"现象（图 3-3-17b），表明页岩中小于 4nm 的孔隙偏少（Groen et al.，2003）。

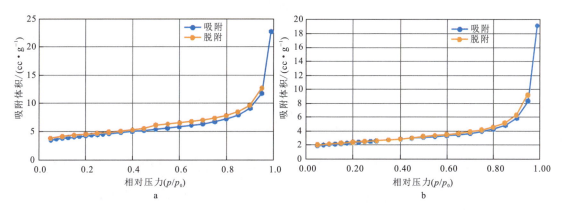

图 3-3-17 湘新页 1 井佘田桥组页岩低温氮气吸附—脱附曲线

注：a.深度为 2 520.7m；b.深度为 2 020.4m。

佘田桥组样品总孔体积介于 0.014~0.053cc/g 之间，平均为 0.037cc/g，比表面积介于 3.93~23.40m²/g 之间，平均为 13.56m²/g（表 3-3-1），表明佘田桥组具有不错的比表面积及总孔体积，能够为页岩气提供良好的吸附储存空间。同时总孔体积、比表面积与有机碳含量均具有不同程度的相关性（$R^2=0.93$）（图 3-3-18），表明佘田桥组页岩有机碳含量是页岩储集空间大小的重要影响因素。

表 3-3-1 湘新页 1 井总孔体积与比表面积

序号	编号	有机碳/%	总孔体积/(cc·g⁻¹)	比表面积/(m²·g⁻¹)
1	XXY-3	0.62	0.026	8.22
2	XXY-5	0.55	0.014	3.93
3	XXY-6	1.55	0.026	8.76
4	XXY-7	0.77	0.030	7.81
5	XXY-11	0.72	0.035	9.39
6	XXY-15	0.98	0.037	8.78
7	XXY-19	2.27	0.045	15.10
8	XXY-24	3.30	0.039	15.63
9	XXY-28	2.21	0.035	14.07
10	XXY-35	2.56	0.053	17.02
11	XXY-41	4.72	0.051	21.65
12	XXY-46	6.24	0.044	13.56
13	XXY-47	5.01	0.046	22.53

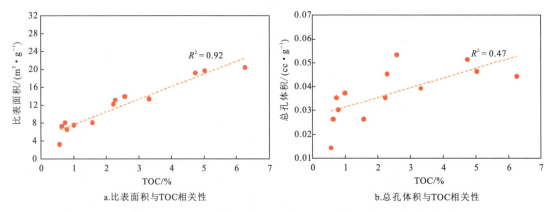

图 3-3-18　湘新页 1 井佘田桥组比表面积、总孔体积与 TOC 相关性

注：R 为相关系数。

(二)石炭系测水组

1. 孔隙度与渗透率

测水组泥页岩储层孔隙度和渗透率总体较低，并且样品间存在较大的差异。涟源凹陷涟参 1 井、涟页 2 井泥页岩样品孔隙度介于 1.0%～5.3%之间，平均为 2.8%，测试样品多取自岩芯上裂缝不发育处；渗透率主要集中在 0.000 2～0.005 3mD 之间，但变化较大，局部样品渗透率达 0.75mD，其样品内部可能存在较多微裂缝，从而导致其渗透率较高。2015HD6 井测水组页岩实测结果显示页岩孔隙度主要分布区间为 0.73%～3.87%，平均为 1.66%；渗透率为 0.001 43～0.277mD，平均为 0.050 7mD。湘涟页 1 井核磁共振孔隙度介于 1.44%～6.27%之间，平均为 2.96%；渗透率主要集中在 0.000 7～0.04mD 之间，平均为 0.005 7mD。

对邵阳凹陷 2015HQ1 井、2015HQ2 井共 8 件样品进行了孔隙度和渗透率测定，结果显示测水组页岩孔隙度为 2.03%～9.97%，平均为 5.98%，渗透率为 0.000 018～0.0006 28mD，平均为 0.000 551mD，具有低孔特低渗的特征，2015HQ2 井样品的渗透率略高于 2015HQ1 井样品。

总体上，湘中坳陷石炭系测水组页岩孔隙度主要分布于 2.0%～3.0%之间(图 3-3-19)，大于 3%的次之，渗透率主要分布在 0.000 5～0.001mD 之间(图 3-3-20)，与鄂西地区寒武系、志留系页岩相当，均属低孔特低渗页岩。

2. 页岩低温氮气吸附实验

湘涟页 1 井氮气吸附—脱附法实验结果显示，石炭系测水组页岩氮气低温吸附—脱附曲线属于Ⅳ型。当饱和蒸气相对压力 p/p_0 小于 0.25 时，以单分子层吸附为主，N_2 吸附量

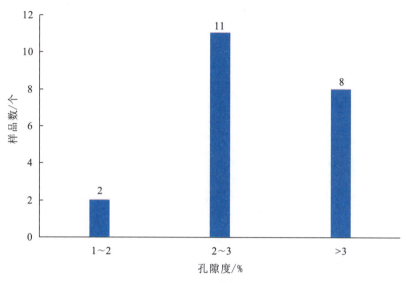

图 3-3-19 测水组孔隙度分布直方图

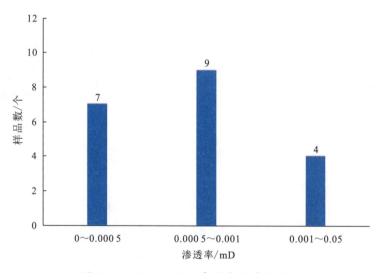

图 3-3-20 测水组渗透率分布直方图

小,之后为单分子层吸附与多分子层吸附过渡段,N_2 吸附量逐渐增加,当相对压力 p/p_0 超过 0.5 时进入多分子层吸附阶段,N_2 吸附量增加较快,相对压力接近 1 时出现毛细凝聚现象,证明有较多大孔存在。脱附曲线在相对压力 p/p_0 约 0.5 时出现小幅度的"强制闭合"现象(图 3-3-21a),说明页岩中存在一定数量孔径小于 4nm 的小孔。从氮气脱吸附曲线特征可以判断页岩孔隙为平行板状孔、圆柱孔和混合孔。DFT(非定域密度函泛函理论)模型显示孔径在 4nm 与 20nm 附近存在两个峰值(图 3-3-21b)。

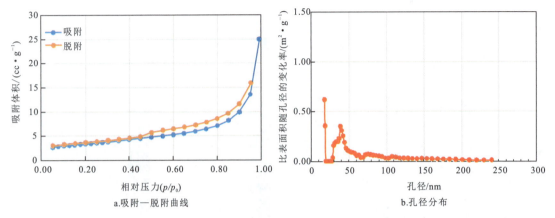

a.吸附—脱附曲线

b.孔径分布

图 3-3-21　湘涟页 1 井测水组氮气吸附—脱附曲线与孔径分布

(三)二叠系龙潭组

1. 孔隙度与渗透率

二叠系龙潭组孔隙度介于 0.9%～14.7%之间,平均为 4.3%,孔隙度超过 3%的样品占比约 70%(图 3-3-22);渗透率为 0.000 07～0.043 9mD,平均为 0.008 11mD(图 3-3-23),渗透率非常低,属典型低渗透性页岩。以页岩气储层标准衡量,龙潭组孔隙度条件比其他两个页岩气地层更为优越。

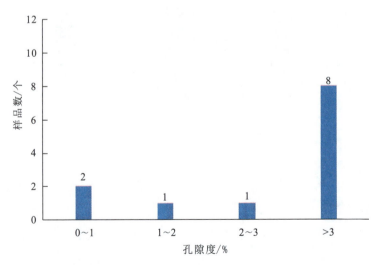

图 3-3-22　龙潭组孔隙度分布直方图

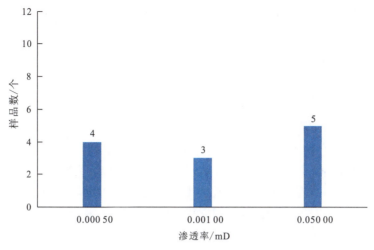

图 3-3-23 龙潭组渗透率分布直方图

2. 页岩低温氮气吸附实验

二叠系龙潭组氮气低温吸附—脱附曲线属于Ⅳ型(图 3-3-24),初始吸附量随相对压力 p/p_0 增加小幅度上升,当相对压力 p/p_0 趋近 1 时,同佘田桥组、测水组一样吸附线出现急剧上升现象,并未表现出饱和吸附的情况,表明页岩样品出现了毛细凝聚现象,页岩中含

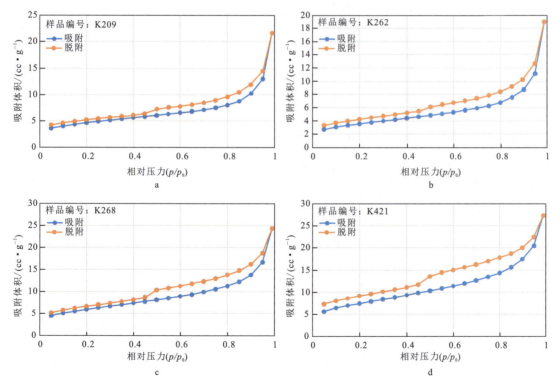

图 3-3-24 龙潭组页岩样品吸附—脱附曲线

有一定数量大孔。脱附、吸附曲线均呈现出了"强制闭合"滞后环,并且滞后环开口幅度不一。根据国际纯化学与应用化学联合会分类法,龙潭组所有页岩样品滞后环类型均属于H3型,页岩孔隙形态以平行板壁的狭缝状为主。

页岩总孔体积介于 0.001~0.042cc/g 之间,平均为 0.025cc/g;比表面积在 0.39~27.91m²/g 之间,平均为 18.03m²/g;平均孔径介于 6.3~19.2nm 之间,平均为 9.7nm(表3-3-2),具有不错的比表面积、总孔体积及孔径条件。DFT 模型显示孔径主要分布在 0.6~0.8nm、1.4~2.3nm 及 2.5~6.4nm 三个峰值区间内(图3-3-25),以微孔、中孔为主体。通过 BJH(Barrett-Joyner-Halenda 法)比表面积分析模型可以发现除了微孔与中孔外,还存在少量的大孔,但是这些大孔对比表面积与总孔体积影响较小,中孔与微孔贡献了绝大部分的比表面积与总孔体积。这证明有机质中的微孔、中孔提供了大量吸附空间,而微裂缝、粒间孔等大孔对于储集空间仅有少量贡献。

表3-3-2 二叠系龙潭组页岩样品比表面与孔径、有机地球化学分析结果

层位	样品编号	TOC/%	R_o/%	比表面积/($m^2 \cdot g^{-1}$)	总孔体积/($cc \cdot g^{-1}$)	平均孔径/nm	黏土矿物/%
龙潭组	K209	8.10	2.10	27.09	0.042	6.30	24.73
	K211	4.08	2.05	27.909	0.034	8.23	40.56
	K249	2.30	2.63	17.493	0.025	8.90	23.61
	K257	2.56	2.60	15.819	0.021	8.50	24.25
	K262	1.19	2.71	12.29	0.018	9.59	19.41
	K268	1.41	2.72	20.592	0.027	7.32	36.65
	K417	4.01	2.52	19.34	0.031	10.62	31.50
	K421	7.69	2.80	25.889	0.032	6.55	21.96

二叠系龙潭组页岩样品在黏土矿物含量、类型等条件相似的情况下,比表面积、总孔体积与有机碳含量均具较好的正相关性(图3-3-26),表明有机质具有较高的比表面积与总孔体积,可以为页岩气储存提供重要的场所。另外平均孔径与有机碳含量、比表面积及总孔体积呈现不同程度反相关性,表明有机碳含量以微孔或中孔为主,而这些微孔或中孔提供了主要的比表面积与总孔体积。

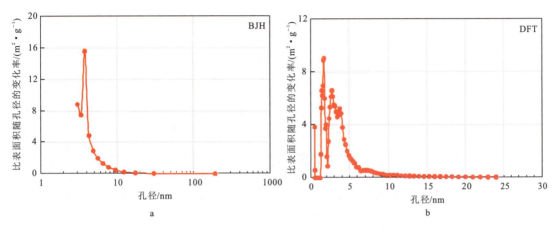

图 3-3-25 龙潭组页岩样品孔径分布

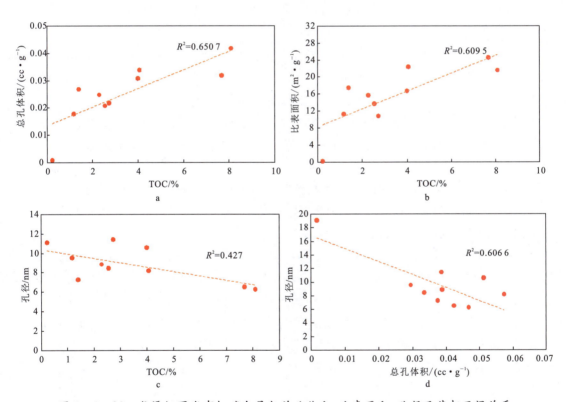

图 3-3-26 龙潭组页岩有机碳含量与总孔体积、比表面积、孔径及其相互间关系

三、储集空间类型

页岩储层中的孔隙类型、孔隙结构及其连通性是页岩气储层评价的关键,这直接影响着页岩气资源的勘探评价与开发。相较于常规储层孔隙,页岩储层孔径大小主体为纳米级,且储集空间结构也存在明显差异,充分认识页岩孔隙类型、微观结构,有助于了解气体赋存状态、扩散—渗流过程,也是研究页岩气成藏机理及油气勘探评价的关键。根据储集空间形态及形成的物质组分,可将该区储层的储集空间划分为三大类,分别为有机质孔、无机孔和裂缝。

有机质孔主要指有机质团块内部或有机质生烃后内部残留的孔隙,多为圆形、椭圆形或不规则形(Loucks et al.,2012),实际勘探经验证实有机质孔是页岩气最主要的储集空间,有机质孔越发育,页岩含气性越好。由于有机质主要赋存在颗粒堆砌形成的具有一定连通性的格架孔中,所以有机质孔不是孤立存在而是具有一定连通性,并且有机质本身具有亲油性,其表面可以吸附大量的甲烷等气体,所以有机质孔成为页岩中富集天然气的主要孔隙之一。

无机孔又可以分为粒间孔、粒内孔。残留粒间孔是粒间孔的一种主要类型,主要发育在石英、长石、黄铁矿和方解石等脆性较好、抗压实作用强的矿物晶体间以及伊利石、高岭石、绿泥石等黏土矿物颗粒间,呈三角形、长条形和不规则形等,长条形残留粒间孔的长度可达微米级,这类孔隙随着页岩的埋深和成岩作用生成,由于石英、长石、黄铁矿和方解石等脆性矿物晶体具有一定的抗压实能力,在压实作用和成岩作用较强的条件下仍可部分保存。此外,黏土矿物在演化过程中,在伊利石、高岭石、蒙脱石等黏土矿物颗粒间,黏土矿物和脆性矿物间也能有一些黏土矿物片间孔或者粒缘孔等。方解石、长石等溶蚀性较强的矿物颗粒间可以看到部分粒间溶蚀孔及粒内溶蚀孔,孔隙直径一般为纳米级,少数可达数微米,主要发育的孔隙呈圆形、椭圆形、长条形、三角形和不规则形等。

裂缝可以分为微裂缝与宏观裂缝(以下简称裂缝),其产生可能与断层和褶皱构造活动有关,也可能与有机质生烃时形成的轻微超压而导致的页岩储层破裂有关。微裂缝的缝宽介于几百纳米至几十微米,延伸长度大。裂缝既可为页岩气提供聚集空间,也可为页岩气的生产提供运移通道。泥页岩作为一种低孔低渗储层,页岩气生产机制非常复杂,涉及吸附气含量与游离气含量、天然微裂缝与压裂诱导缝系统之间的相互关系。裂缝的发育程度和规模是影响页岩含气量和页岩气聚集的主要因素,决定着页岩渗透率的大小,控制着页岩的连通程度,进一步控制着气体的流动速度、气藏的产能。裂缝还决定着页岩气藏的保存条件,裂缝比较发育的地区,页岩气藏的保存条件可能差些,天然气易散失、难聚集、难形成页岩气藏;反之,则有利于页岩气藏的形成。

(一)泥盆系佘田桥组

1. 有机质孔

研究区泥盆系佘田桥组下部页岩段与中部碳酸盐岩段均富含有机质,相应的有机质孔也较为发育(图3-3-27),多以蜂窝状分布于有机质内部,单个孔呈椭圆形、三角形或其他不规则状,孔径相对较小,一般小于300nm,少量可达微米级,尽管有机质孔直径较小,但其多密集发育,单个有机质上可能发育数十或数百个,相互间具有一定连通性,且可与基质孔缝相连通,对改善储集空间具有重要作用。虽然底部黑色钙质页岩有机碳含量显著高于中部碳酸盐岩段,但是碳酸盐岩段有机质孔发育程度优于页岩段。

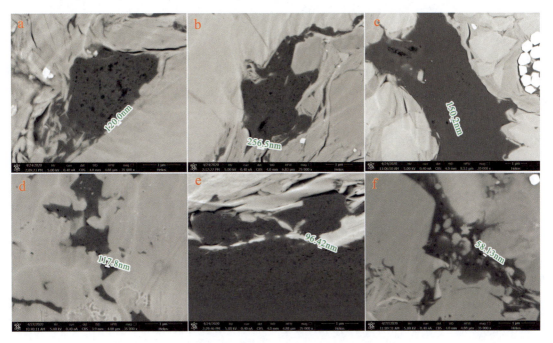

a、b. 中部泥灰岩含气段;c、d、e、f. 下部页岩含气段。

图3-3-27 佘田桥组有机质孔类型

2. 无机孔

扫描电镜观察显示,该区泥盆系佘田桥组无机孔普遍发育,主要包括粒间孔、晶间孔、溶蚀孔和粒缘孔等(图3-3-28,图3-3-29),孔隙直径变化大,从5μm~10nm不等。

粒间孔多围绕颗粒边缘呈不规则状,主要是受构造作用或不同矿物间差异压实作用形成的,分布于碳酸盐矿物、黏土矿物、石英、长石等矿物颗粒之间,后期可能会被有机质、泥质等充填,佘田桥组片状黏土矿物间的孔隙在镜下最为常见,具有一定连通性;黄铁矿微球团

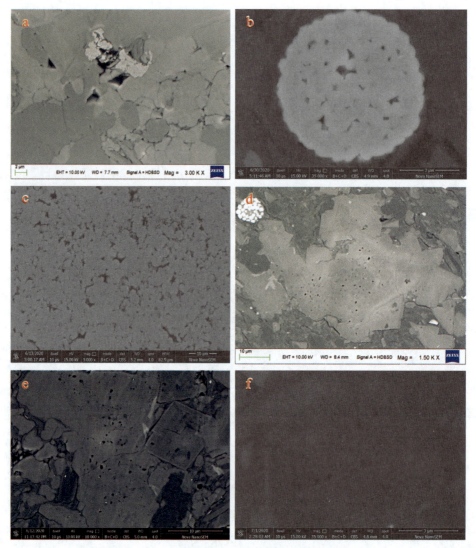

a. 粒间孔缝,见微晶金红石颗粒;b. 黄铁矿中的粒间孔;c. 方解石矿物内的晶间微缝隙;d. 方解石发育溶蚀孔、粒缘缝;e. 矿物晶间缝隙及方解石中见粒内溶孔;f. 石英中的粒内微孔。

图3-3-28 佘田桥组页岩无机孔类型

颗粒之间或泥页岩黏土矿物集合体内的不同颗粒间常存在一些晶间孔,其大小与形态受矿物颗粒排列方式控制;黄铁矿、石英等矿物溶蚀或脱落后在有机质或黏土矿物内产生铸模孔;泥灰岩、钙质页岩中溶蚀孔也较为发育,主要分布于碳酸盐矿物、长石等矿物颗粒内部与颗粒间接触部位,多呈不规则相对孤立状,孔径从几十纳米至几十微米,可作为游离态页岩气储集的空间。孔隙在挤压破碎带尤为发育,部分孔隙处于被石英等矿物充填或半充填状态。佘田桥组中上部碳酸盐岩含气段内溶蚀孔较为发育,下部页岩、砂岩含气段内粒间孔相对发育,与有机质孔相比,无机孔更加分散,孔径也更大。

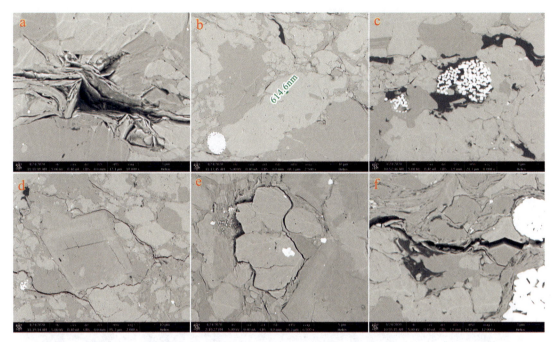

a. 片状黏土矿物间孔隙;b. 碳酸盐矿物内溶蚀孔;c. 黄铁矿颗粒晶间孔与铸模孔;d. 粒缘缝与溶蚀孔;e. 粒缘缝;f. 层间缝。

图 3-3-29 佘田桥组碳酸盐岩无机孔类型

3. 裂缝

泥盆系佘田桥组微裂缝主要可分为构造缝与层理缝。构造缝顾名思义由构造作用引起,多呈直线或曲线状切穿不同矿物颗粒,以不同角度与层理斜交,一般宽度较大,延伸可达微米级,对改善页岩的储集空间与增强各类孔隙的连通性有重要贡献;层理缝多与沉积成岩作用相关,是页岩气储集空间的重要组成部分。

佘田桥组岩芯与微观薄片可观察识别到的微裂缝非常多(图 3-3-30、图 3-3-31),这些裂缝在泥灰岩、页岩及砂岩中均较发育,主要由沉积成岩与多期构造应力作用使岩石变形所形成的裂缝(高导缝、高阻缝),也有斜坡相碳酸盐岩滑动、滑塌所形成的裂缝。构造缝在泥灰岩段发育程度强于下部页岩段,常见多期多角度缝相互交切构成裂缝网络,可有效改造储层,增加连通性,裂缝充填程度在两个岩性段内均相对较高,比例占 50%～80%。层理缝在泥灰岩与页岩含气段均比较发育,受上覆岩层重力作用,其在地下多处于紧闭或半紧闭状态,对储渗空间贡献小于构造缝。此外,泥灰岩段多见压实、压溶作用形成的缝合线构造,其内多充填泥铁质,但仍残留一定的孔隙,对储集空间仍有贡献。

此外,据湘新页 1 井取芯段岩芯观察,发现佘田桥组中部碳酸盐岩段 2010～2027m 段裂缝较为发育,其中构造成因的裂缝以中、高角度缝为主(高角度缝倾角 60°～90°,中角度缝

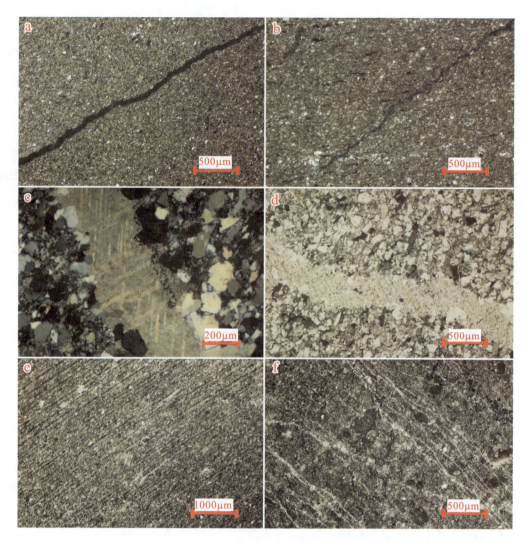

a、b. 构造缝,未充填;c、d. 构造缝,方解石充填;e. 层理缝;f. 裂缝发育,方解石充填。

图 3-3-30　佘田桥组微观薄片微裂缝类型(页岩段)

倾角 30°～60°),低角度缝较少,缝宽 0.05～10mm,部分被方解石、少量泥质及黄铁矿充填;此外岩芯上也见一些顺层缝,多为层理缝或岩芯上顺层泥质条带、纹层及早期方解石充填物界面等薄弱面开裂所形成的裂缝(高导缝、高阻缝)。岩芯裂缝特征简述如下。

1)中、高角度缝

湘新页 1 井主要含气段及压裂优选段集中在 1909～2067m 之间,该段内钻探取芯深度为 2 010.12～2 027.46m,取芯长度约 17m,岩性主要为深灰色—灰黑色泥灰岩夹钙质泥岩,岩芯上中、高角度裂缝较发育,且在整个取芯段均有分布,延伸较长,多贯穿岩芯界面,部分裂缝被亮晶方解石及泥质充填或部分充填,且缝宽变化较大,兼具剪切缝与张性裂缝性质,

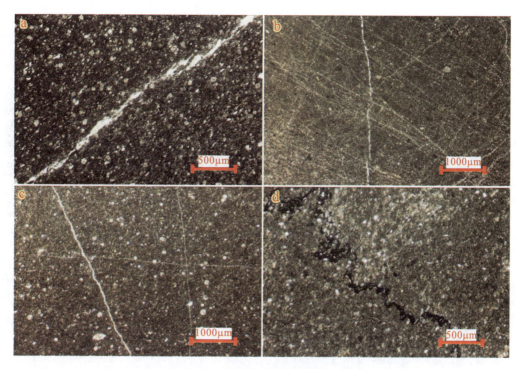

a. 构造缝,未充填;b. 多期裂缝构成缝网;c. 多期裂缝相互交切;d. 缝合线构造。

图 3-3-31 佘田桥组微观薄片裂缝类型(碳酸盐岩段)

未充填缝缝面相对平直,局部缝中可见明显擦痕。局部段可见裂缝相互交切现象,配合顺层裂缝,岩芯较破碎。该类裂缝中的未充填缝或未完全充填缝对改善储层空间与含气性起重要作用,同时对后期地层压裂也有积极影响。此外,也发育少许低角度缝,以剪切缝为主,部分被方解石、泥质等充填(图 3-3-32)。

2)高导缝与高阻缝

对湘新页 1 井 1 840.0~2 232.0m 段进行了微电阻率成像测井测量,通过成像测井数据对主要含气段裂缝的识别与分析发现,除了大量层理缝外,高导缝及高阻缝均有发育(图 3-3-33、图 3-3-34),其中高导缝、层理缝占了绝大多数,高阻缝仅占较小比例,表明佘田桥组整体裂缝条件良好。

高导缝属于以构造作用为主形成的天然裂缝,对油气的储渗都有重要意义。它在动态图像上往往表现为褐黑色正弦曲线,有的连续性较高(张开缝),有的呈半闭合状(半张开缝),表明此类裂缝多未被方解石等高阻矿物完全充填,属于有效缝,如果沿高导缝发育有溶蚀孔洞,可构成良好的储层。湘新页 1 井佘田桥组共解释 67 条高导缝,主要集中在 1930~2165m 段,以 60°~80°高角度(DIP)缝最为发育,30°~60°中角度缝次之,低角度缝发育较少,此外,倾向为北西向的裂缝最为发育,南东向次之。高导缝对该储层段物性的改造起重要作用。

a. 高角度缝,方解石及少量泥质充填,一期多条,深度为 2 016.1m;b. 高角度缝,未充填,缝面平直,深度为 2 018.7m;c. 高角度缝,擦痕明显,深度为 2 010.2m;d. 中角度缝,泥质与方解石充填,深度为 2 017.2m;e. 多期裂缝相互交切,深度为 2 027.0m;f. 低角度剪切缝,深度为 2 020.8m;g. 顺层缝被中角度缝切穿,深度为 2 011.0m;h. 裂缝网络系统,岩芯破碎,深度为 2 010.6m。

图 3-3-32　湘新页 1 井佘田桥组岩芯裂缝特征

高阻缝在图像上表现为白色—亮黄色正弦曲线,反映出沿裂缝有高阻矿物充填或者由于应力条件的改变而使裂缝发生闭合。高阻缝因被电阻率较高的矿物(如方解石)充填,或为闭合缝,多属无效缝,对储渗空间贡献有限。湘新页 1 井测量井段共解释 11 条高阻缝,主要集中在 1947~2157m 段内,以高角度缝与中角度缝为主,与高导缝发育具有一定匹配性,其形成时间一般早于高导缝。虽然高阻缝被高阻矿物等充填,渗透能力差,一般不具有储集性能,但高阻缝为页岩地层中的弱面,水力压裂过程中,启裂压力较小,易于被压裂开启,在实际开发中仍然具有积极意义。

(二)石炭系测水组

1. 有机质孔

石炭系测水组页岩有机质孔主要有圆形、椭圆形、不规则三角形等,连通性一般。湘涟页 1 井页岩样品有机质孔孔径从几十到几百纳米不等,少部分达到微米级,但是大部分孔径主要分布在几百纳米区间,孔隙结构有定向化排列趋势,说明受到了后期压实与热演化作用的影响,孔隙大小主要介于 40~100nm 之间(图 3-3-35a、图 3-3-35b、图 3-3-35c)。

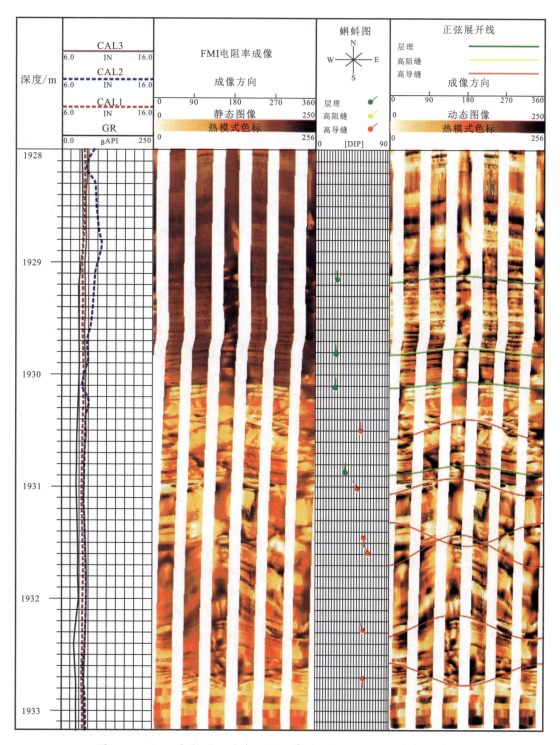

图 3-3-33 湘新页 1 井佘田桥组高导缝与层缝电阻率成像特征

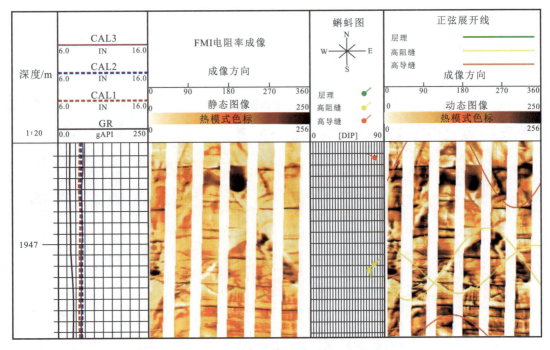

图 3-3-34 湘新页 1 井佘田桥组高阻缝电阻率成像特征

另外,部分样品仅见到有机质但未见有机质孔,可能跟热演化程度过高有关(图 3-3-35d、图 3-3-35e)。

2. 无机孔

无机孔形态复杂,类型主要有黄铁矿晶间孔、矿物溶蚀孔、黏土矿物粒间孔、绿泥石晶间孔等(图 3-3-35f,图 3-3-35g,图 3-3-35h,图 3-3-35i),孔隙大小多数为 3~8μm,少数为纳米级。草莓状黄铁矿微球团颗粒发育(图 3-3-35i),颗粒间的有机质及其他矿物脱落后形成了黄铁矿晶间微孔隙,孔径为 63~179nm,晶体之间大多紧密排列,孔隙连通性差,粒间容易被黏土矿物充填。有机质分解过程中会产生有机酸,从而促使长石、碳酸盐矿物等被溶蚀形成粒内溶蚀孔,矿物溶蚀孔在矿物颗粒内部与颗粒间均存在,孔径一般较大,为 5μm 到 50nm 不等,以微米级孔隙为主,常与微裂缝相伴生,当溶蚀程度较低时,碳酸盐矿物容易出现孤立的矩形小孔(图 3-3-35h,图 3-3-35f)。

3. 裂缝

测水组泥页岩中发育较多的微裂缝,与其脆性矿物含量较高及涟源凹陷地区经受的多期构造应力作用有关。矿物内与矿物间均有微裂缝分布,不同矿物颗粒分界处或有机质与矿物分界处微裂缝也比较发育,为应力作用下矿物颗粒相互挤压与溶蚀作用所形成。湘涟

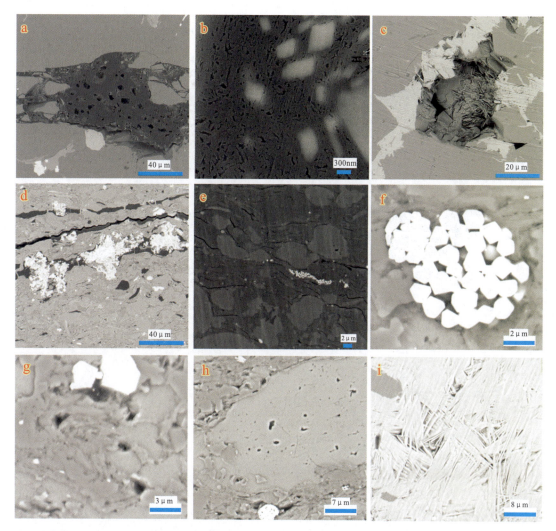

a. 有机质孔(湘涟页1井);b. 有机质孔,局部放大(2015HD6井);c. 矿物晶间孔及粒内溶蚀孔,有机质赋存于自生绿泥石晶间(湘涟页1井);d. 微裂缝部分充填有机质,部分充填黄铁矿(2015HD6井);e. 微裂缝、粒缘缝(2015HD6井);f. 黄铁矿晶间孔(湘涟页1井);g. 粒间孔(湘涟页1井);h. 矿物粒内溶蚀孔(湘涟页1井);i. 绿泥石晶间孔(湘涟页1井)。

图3-3-35 测水组页岩孔隙与微裂缝特征

页1井样品LYZ-4微裂缝长数百微米,宽数微米,包括成岩收缩裂缝、高压碎裂缝和人为裂缝等。2015HD6井测水组泥页岩除孔隙与微裂缝较发育外,岩芯纵向上多个深度段宏观裂缝也发育强烈,主要为构造缝和层理缝(图3-3-36)。

此外,地层微电阻率扫描成像测井识别湘涟页1井石炭系地层共存在三种裂缝类型,包括层理缝、高导缝和微断层。经统计石炭系测水组共存在29条高导缝及若干微断裂,未见明显的高阻缝特征,FMI成像测井所表征的天然裂缝与同深度的岩芯观察结果吻合(图3-3-37)。

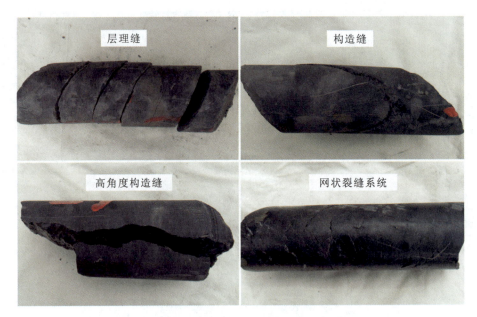

图 3-3-36 2015HD6 井测水组岩芯裂缝

(三)二叠系龙潭组

1. 有机质孔

湘中坳陷龙潭组页岩有机质孔以圆形为主,其次为椭圆形,大小从几十纳米到几微米不等,最常见应为几十到几百纳米。有些气孔边缘弯曲,有些相邻气孔彼此连通,有些较大的椭圆形、长条形或不规则形气孔由多个孔连通而成,部分孔呈孤立孔不与其他孔相连(图 3-3-38)。此外,部分有机质孔与黄铁矿共生,形成较多的晶间孔、粒缘孔,对于页岩储层的孔隙结构具有优化作用。有机质孔对页岩气的吸附与储存至关重要,因为有机质孔具较大的比表面积与总孔体积,其间的微孔、中孔为页岩气的吸附与储存提供了最理想的吸附空间,有机碳含量越高,有机质孔越多,页岩气吸附气含量则越高。龙潭组有机碳含量高,显微镜下也可观察到大量有机质孔,表明龙潭组具良好的吸附气基础条件。

2. 无机孔

粒间孔主要为黏土矿物片间孔、溶蚀形成的颗粒间孔、矿物边缘孔;粒内孔主要为矿物颗粒溶蚀粒内孔(图 3-3-38)。

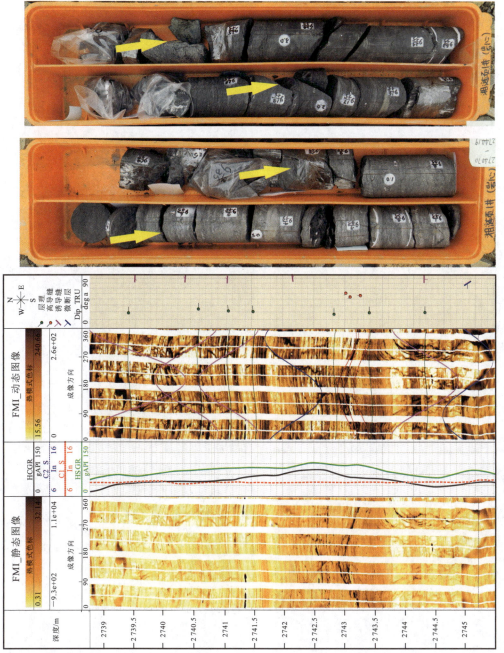

图3-3-37 湘涟页1井测水组FMI成像测井与岩芯对比

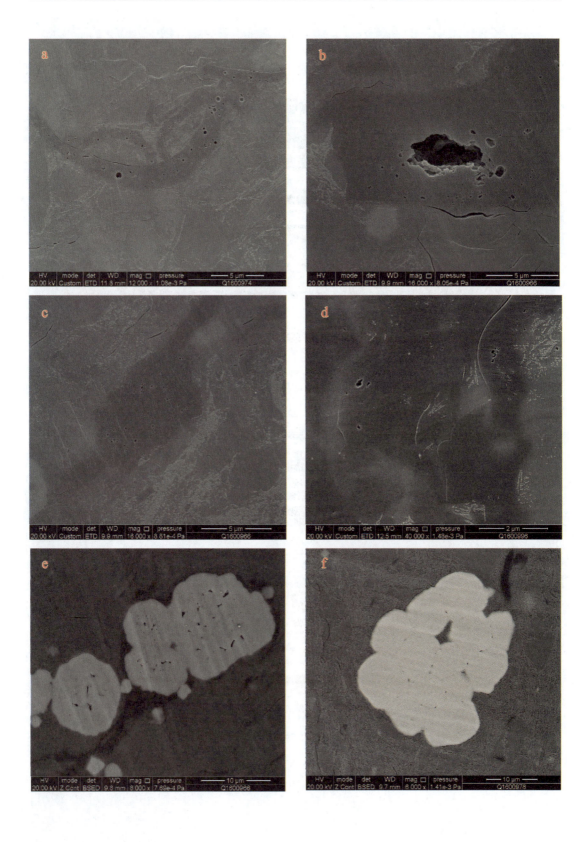

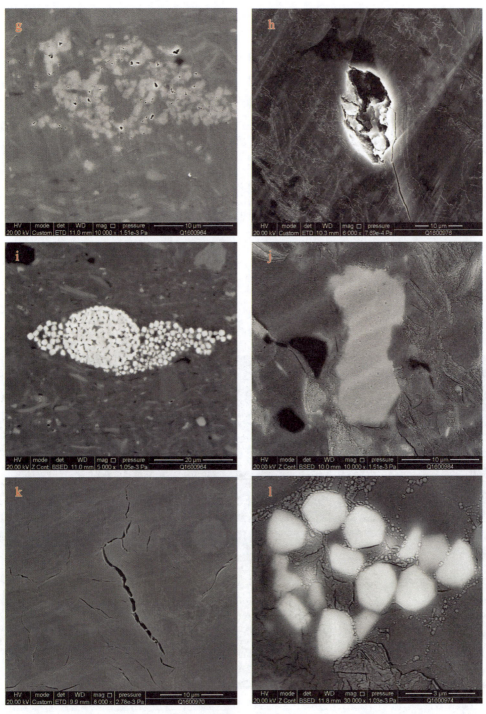

a. 有机质孔发育；b. 有机质孔；c. 有机质，能谱确认，见微孔；d. 有机质孔；e. 霉球状黄铁矿发育；f. 霉球状黄铁矿晶间孔；g. 溶蚀孔发育；h. 矿物溶蚀孔；i. 黄铁矿群状分布，溶蚀孔发育；j. 磷灰石矿物粒内孔，能谱确认；k. 粒缘缝、微裂缝；l. 黄铁矿粒缘缝，能谱确认。

图 3-3-38 2015HD3 井二叠系龙潭组页岩孔隙结构的扫描电镜分析图

3. 裂缝

微裂缝主要发育在脆性矿物晶体间、晶体内和黏土矿物颗粒内,宽度一般仅为几十纳米,长度一般为数微米(图3-3-38k)。晶间微裂缝由脆性矿物颗粒的抗压实作用形成,发育程度随压实作用的增强而减弱。晶内微裂缝多由构造作用形成,此类裂缝发育较少。如果微裂缝被方解石或自生黏土矿物充填,则降低了微裂缝的渗流能力。微裂缝虽只是页岩储层微观类型中的一种,具局限性,但对页岩气藏具有重要意义,尤其是那些没有被充填的微裂缝。

岩芯上可以观察到多种类型裂缝,对页岩气储层贡献最大的层理缝尤为发育(图3-3-39b),其缝宽低于1mm。垂直层面的裂缝也较多(图3-3-39d、图3-3-39e、图3-3-39f),缝宽0.03mm~10mm不等,部分裂缝被石英充填。高角度裂缝也比较常见,受挤压作用影响,部分裂缝面可以见镜面构造(图3-3-39c)。另外,龙潭组为海陆过渡相地层,发育较多菱铁矿夹层,垂直夹层层面发育极为丰富的裂缝,缝宽为30~900μm,基本被石英充填(图3-3-39a)。

a. 菱铁矿夹层垂直层面裂缝,石英充填,缝宽为30~900μm;b. 页岩层理缝;c. 构造挤压镜面,见沥青质;d. 砂岩中垂直层面与高角度裂缝,石英充填,缝宽为3~10mm;e. 页岩中垂直层簇状裂缝,缝宽为2~3mm;f. 页岩中高角度多层平行状裂缝,缝宽为2~3mm。

图3-3-39 2015HD3井岩芯裂缝特征

第四节 页岩含气性特征

含气量数据是页岩气勘探潜力评价、勘探有利区优选、资源量计算的关键指标之一,也是后期进行开发规划、气藏描述、储量计算的关键参数(张汉荣,2016)。页岩气含气量的测定有现场解吸法与等温吸附实验法等途径,目前可靠性最好的是现场解吸法,湘中坳陷页岩气含气量数据大部分通过钻井岩芯的现场解吸实验获取。

一、泥盆系佘田桥组

目前湘中坳陷共实施了6口泥盆系佘田桥组调查井,其中部署在涟源凹陷的湘新地1井、湘新地3井、湘新页1井均见良好的页岩气显示,湘双地1井仅见弱气显,其余钻井未见气显,见表3-4-1。

湘新地3井位于涟源凹陷西部,完钻井深为1651m。钻遇佘田桥组中下部井深为1033~1260m(共227m)黑色钙质页岩段时气显剧烈,对应气测录井明显异常,全烃含量多数在5%~8%之间,最高可达22.34%(井深为1106m),以甲烷气为主,并点火成功(图3-4-1)。现场初步解吸页岩气含量为0.41~1.29m^3/t(不含残余气),残余气含量为0.94~1.80m^3/t,总含气量为1.48~2.63m^3/t,平均为2.01m^3/t。

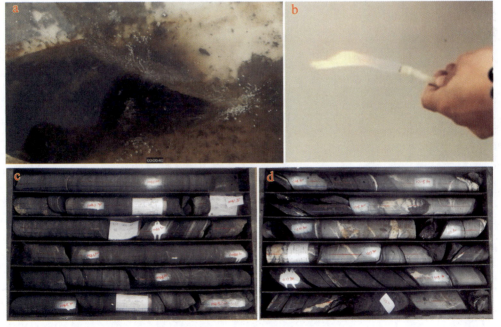

a. 水浸实验气泡丰富,钙质页岩;b. 点火照片,录井装备收集气体;c. 1 041.45~1 045.90m 含气层岩芯照片;d. 1 214.70~1 219.10m 含气层岩芯照片。

图3-4-1 湘新地3井泥盆系佘田桥组岩性及含气性特征

表 3-4-1 湘中坳陷泥盆系佘田桥组含气性一览表

编号	名称	类型	地理位置	构造位置	时代	显示情况	成功/失利原因
1	2015HD2	调查井	荆竹铺镇谢必村	邵阳凹陷西部	D_3s	基本不含气，450.4~805.2m全烃值段介于0.02%~0.65%之间	保存条件差，切穿大部分地层的叠瓦式逆冲断层频繁分布
2	湘新地1井	调查井	孟公镇尖山村	涟源凹陷西部	D_3s	气测全烃为2.93%~34.66%，现场解吸气总量介于0.31~2.44m³/t之间	相带好，TOC高，远离断层保存条件好，另雪峰隆起边缘起到一定程度的基底保护作用
3	湘新地3井	调查井	孟公镇坪砥村	涟源凹陷西部	D_2y、D_3s	气测全烃为1.30%~22.34%，现场解吸气总量介于0.41~1.29m³/t之间	与湘新地1井类似，条件更优
4	湘涟地1井	调查井	坪上镇大同村	龙山低凸起北侧	D_3s	不含气	保存条件差，位于龙山隆起上且距离较近的断层所夹
5	湘洞地1井	调查井	洞口县洞口镇袁丰村	邵阳凹陷长塘岭向斜西翼	D_3s	不含气	保存条件差，切穿大部分地层的叠瓦式逆冲断层频繁分布
6	湘邵地1井	调查井	祁东县蒋家桥镇	关帝庙隆起带	D_3s	不含气	保存条件差，位于关帝庙隆起上，且被距离较近的断层所夹
7	湘页1井	参数井	新化县油溪乡青龙村	涟源凹陷西部	D_3s	钻遇气层265m，下页岩气层全烃最高为1.49%，水浸气泡丰富；上碳酸岩层全烃最高为10.2%	保存条件好，与湘新地1井、湘新地3井邻近

湘新地 1 井位于涟源凹陷西部,该井完钻井深为 1610m。在钻遇佘田桥组中下部井深 1247~1448m 黑色钙质页岩段时气显剧烈,录井全烃显示明显的高值,为 3%~30%,多数全烃值大于 5%,其中 1285~1302m 段录井全烃值在 15% 以上(图 3-4-2)。现场初步解吸气含量为 0.31~2.44m³/t,平均为 0.83m³/t(不含残余气),总含气量为 1.37~3.49m³/t,平均为 1.97m³/t。

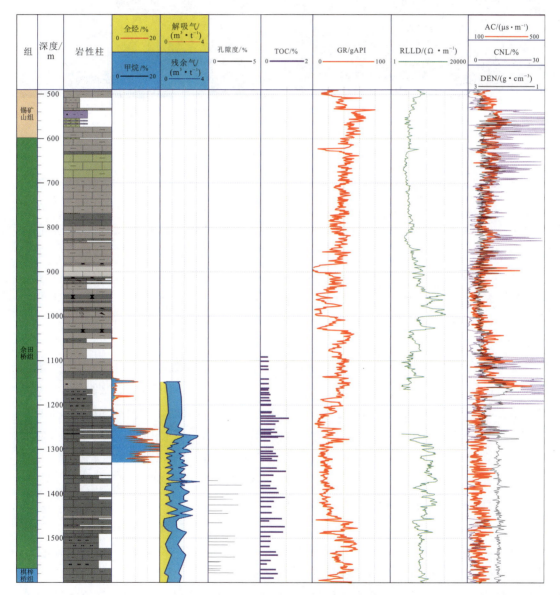

图 3-4-2 湘新地 1 井综合柱状图

湘新页 1 井全井气显活跃,录井共 32 层,累计 265m 气测异常显示,气测全烃最高达到 10.19%,含气层主要集中在中段碳酸盐岩层与下段页岩层,下段 364m(井深 2203~2567m)

为灰黑色、黑色钙质页岩，GR 值在 60～110API 之间，优质页岩集中在底部。泥浆密度在 $1.31～1.35t/m^3$ 的情况下，全烃最高可达 1.49%，邻近的裂缝层中气泡较多(图 3-4-3)。

a. 岩芯表面泥浆见气泡；b. 水浸实验气泡剧烈。

图 3-4-3 湘新页 1 井佘田桥组中部碳酸盐岩段气显照片

对邵阳凹陷东部的湘双地 1 井 297.3～1 505.5m 井段的返浆进行了自动连续气测录井，包括全烃和组分分析，共计记录 957 个点，10 527 个气测数据。佘田桥组共发现一处气测异常，深度在 1 190.0～1 210.0m 之间，厚度为 20m，岩性为泥灰岩。该段全烃基值从 0.063% 升高到 0.27%，甲烷从 0.048% 升高到 0.167%；峰值出现在 1 205.0m 处，气测总烃值为 0.27%，甲烷值为 0.167%，岩芯浸水见不连续气泡，以裂缝气显为主(图 3-4-4)。在气测显示较好页岩与泥灰岩段(1 199.0～1 430.5m)共采集 33 块岩芯样品进行了现场解吸实验，结果显示页岩含气量分布在 0.001～0.245m^3/t 之间，平均为 0.021m^3/t，整体含气性较差，推测与裂缝过于发育、保存条件较差有关。

邵阳凹陷西部 2015HD2 井含气性一般，仅通过等温吸附实验对该井的理论吸附气量进行模拟。在现场取样及野外调查工作基础上，对所采集的该井佘田桥组 5 块泥页岩样品进行了等温吸附实验，结果显示兰氏体积主要介于 0.45～0.75m^3/t 之间，平均为 0.61m^3/t；兰氏压力主要介于 1.39～1.851MPa 之间，平均为 1.61MPa。最高兰氏体积及兰氏压力的样品位于第 3 岩性段，第 1 岩性段相应值较小，表明整体上深水台间盆地相暗色泥页岩吸附气量高于台缘斜坡等相对浅水相带。邵地 1 井含气性同样较差，对 7 块岩芯样品进行了等温吸附实验，发现区内佘田桥组暗色泥页岩饱和吸附量主要在 1.26～3.21m^3/t 之间，平均为 2.21m^3/t，可见即便 TOC 较低的佘田桥组泥页岩仍然具有一定的理论吸附气量。

总体来说，佘田桥组含气性评价显示该组具有良好的勘探潜力，湘新页 1 井、湘新地 1 井及湘新地 3 井等井的高含气量揭示优质含气层主要分布在涟源凹陷西南缘，其他区域湘涟地 1 井、湘双地 1 井等含气量不太理想。涟源凹陷西部页岩段现场初步解吸页岩气含量为 0.41～1.29m^3/t，总含气量为 1.48～2.63m^3/t，平均为 2.0m^3/t。碳酸盐岩段气测录井全烃高值段普遍超过 10%，现场解吸气含量为 0.31～2.44m^3/t，平均为 0.83m^3/t，总含气量为 1.37～3.49m^3/t，平均为 1.97m^3/t。

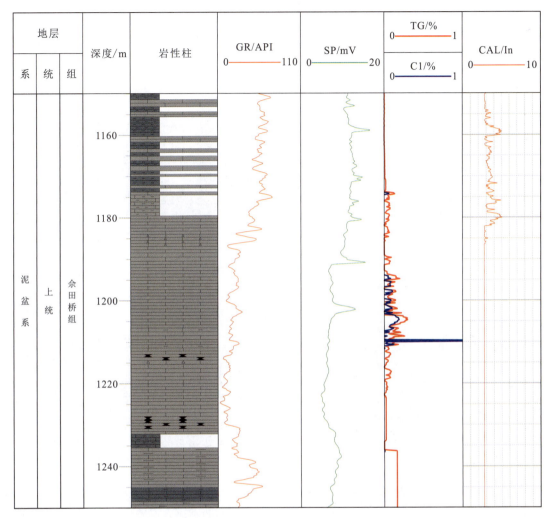

图 3-4-4 湘双地 1 井佘田桥组气测异常段

二、石炭系测水组

湘中坳陷石炭系测水组均能见不同程度气显(表 3-4-2)。湘涟页 1 井共钻获 5 套气显层位。其中,石炭系测水组钻获黑色页岩 29m(其中 7.15m 为含煤页岩层),黑色含碳质泥质粉砂岩 16.9m。钻深进入 2700m 以后气测录井开始出现异常,全烃从 0.11% 上升到最大 1.83%,甲烷则从 0.1% 上升到 1.6%,现场解吸实验结果显示总含气量介于 0.11~0.38m^3/t 之间,平均为 0.15m^3/t(图 3-4-5)。水浸实验发现气泡并不明显,仅在含煤段观察到一定气泡(图 3-4-6)。从岩芯上看,下段黑色碳质页岩植物化石极为丰富,黄铁矿并不发育,仅在局部存在星点状分布,录井地球化学显示碳质页岩有机碳含量多介于 2%~4.5% 之间,平均为 1.8%,生气基础优秀。

表 3-4-2 湘中地区测水组含气性一览表

编号	名称	类型	地理位置	构造位置	地层	显示情况
1	涟参 1 井	浅钻	温塘镇北部温塘水库旁	晏家铺向斜西南翼	C_1s	井深 546～575m 段,全烃含量介于 18.26%～82.548%之间
2	涟参 2 井	浅钻	冷水江市银溪村	晏家铺向斜西南翼	C_1s	井深 464～536m 段,全烃含量最高达 49%
3	涟页 2 井	浅钻	冷水江市银溪村	车田江向斜南翼	C_1c	见气泡,收集气体可点燃
4	2015HD6	调查井	安平镇杨柳田村	车田江向斜东翼	C_1c	现场解吸气含量介于 1.22～3.95m³/t 之间,平均为 2.3m³/t
5	湘新地 4 井	调查井	新化县温塘镇南	车田江向斜西南翼	C_1s,C_1t	全烃为 1.60%～8.07%,平均为 3.86%
6	2015HQ1 井	浅钻	邵阳市蔡桥乡	邵阳凹陷中部	C_1c	现场解吸气为 0.21～0.7m³/t,平均为 0.38m³/t
7	湘涟页 1 井	参数井	新化县温塘镇	车田江向斜西翼	C_1c	全烃 0.11%～1.83%,现场解吸气为 0.11～0.38m³/t,平均为 0.15m³/t
8	2015HQ2 井	浅钻	新宁县清江桥乡	邵阳凹陷中部	C_1c	未见明显气显

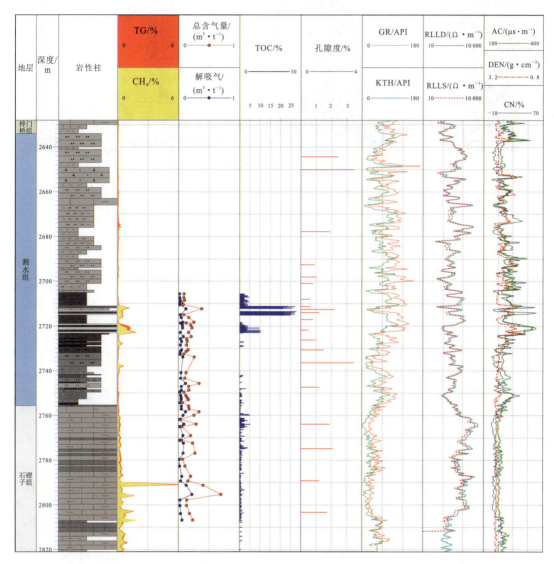

图 3-4-5 湘涟页 1 井测水组—石磴子组综合柱状图

在温度为 30℃ 情况下,利用兰氏等温模型对湘涟页 1 井进行了干样测试,显示泥页岩样品兰氏体积为 $0.75\sim2.11\text{m}^3/\text{t}$,平均为 $1.48\text{m}^3/\text{t}$,其中样品 LYZ-4 兰氏体积为 $2.03\text{m}^3/\text{t}$,对应的兰氏压力为 2.41MPa。

2015HD6 井钻获石炭系测水组含气段共 71.8m,水浸实验显示气泡强烈,收集气体点火成功,该井完钻井深为 1504.7m,含气层在井深 1265~1341m 之间。现场解吸气含量为 $1.08\sim2.6\text{m}^3/\text{t}$,平均为 $1.82\text{m}^3/\text{t}$,总含气量为 $1.5\sim3.32\text{m}^3/\text{t}$,平均为 $2.18\text{m}^3/\text{t}$,其中底部 43m 为连续页岩段,总含气量为 $1.5\sim3.32\text{m}^3/\text{t}$,平均为 $2.31\text{m}^3/\text{t}$。泥页岩样品的兰氏体积为 $7.74\text{m}^3/\text{t}$,对应的兰氏压力为 1.17MPa。

a. 测水组植物化石，b. 煤层水浸。

图 3-4-6 湘涟页 1 井岩芯与水浸实验照片

湖南华晟能源投资发展有限公司部署实施的涟参 1 井、涟参 2 井在测水组也发现了页岩气。其中涟参 1 井钻获测水组含气层段超过 80m，气测全烃平均为 33.82%，页岩气层全烃基本介于 1.02%~27.3% 之间，平均为 7.21%，气显良好，现场解吸结果显示页岩含气量为 1.53~2.93m³/t，平均为 2.03m³/t，与 2015HD6 井测试结果相当。涟参 2 井在测水组发现 6 段气测异常情况，全烃最大达 82.55%，该井气测显示相当高，多解释为煤层气，部分为页岩气。

对涟页 2 井测水组泥页岩样品进行含气量现场解析测试，结果发现测水组泥页岩层段所含气以解吸气为主，气量分布在 0.13~0.37m³/t 之间，损失气次之，残余气含量较低，样品总含气量分布在 0.16~0.49m³/t 之间，平均含气量为 0.31m³/t，含气量随深度呈差异性变化，具有分段性（图 3-4-7）。解吸气以甲烷为主，易点燃，并呈现淡蓝色火焰，表明甲烷含量较高。钻探现场样品的清水试气实验发现，样品存在裂缝，且裂缝中有较多的气泡溢出，持续时间较长。等温吸附实验显示饱和吸附量分布在 0.78~1.56m³/t 之间，平均为 1.26m³/t，佐证了测水组泥页岩具有较好的储气能力，在适合的埋藏深度与保存条件下，能够形成较好的页岩气藏。

2015HQ1 井 11 件样品现场解析数据显示，解吸气含量为 0.21~0.7m³/t，平均为 0.38m³/t，总含气量为 1.58~2.79m³/t，平均为 2.04m³/t。2015HQ1 井 3 件样品与 2015HQ2 井 2 件样品等温吸附实验测得其兰氏体积存在一定差异，最小为 0.44m³/t，最大为 1.42m³/t，平均为 0.85m³/t，其中 2015HQ1 井的样品测试值普遍高于 2015HQ2 井的样品。同时，各样品测得的兰氏压力也存在一定差异，最大为 1.61MPa，最小为 0.13MPa。

总体上，湘中大部分地区石炭系测水组可见气显，但仅在涟源凹陷中西部地区见到一定规模的页岩气显示。

三、二叠系龙潭组

针对二叠系龙潭组的页岩气钻井共 2 口，涟源凹陷与邵阳凹陷各 1 口。涟源凹陷湘页 1

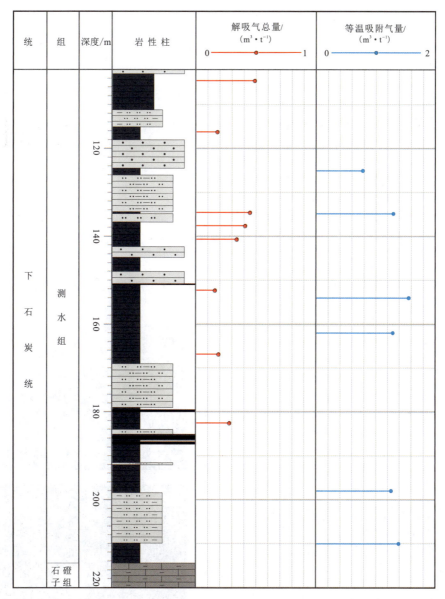

图 3-4-7　涟页 2 井不同深度段样品含气量分布

井龙潭组泥页岩样品现场解析测试显示,总含气量主要分布在 $0.25\sim0.73\mathrm{m}^3/\mathrm{t}$ 之间,平均为 $0.42\mathrm{m}^3/\mathrm{t}$,通过各测井数据计算的井下含气量分布在 $0.2\sim2.0\mathrm{m}^3/\mathrm{t}$ 之间。湘页 1 井 600～700m 井段龙潭组泥页岩样品等温吸附实验吸附气含量为 $1.61\sim3.15\mathrm{m}^3/\mathrm{t}$,平均为 $2.59\mathrm{m}^3/\mathrm{t}$;野外龙潭组剖面样品的等温吸附实验结果显示,吸附气含量为 $0.82\sim4.67\mathrm{m}^3/\mathrm{t}$,平均为 $2.74\mathrm{m}^3/\mathrm{t}$。吸附气含量远大于解吸含气量,证实了龙潭组—大隆组泥页岩较强的页岩气吸附能力,在合适的埋深与保存条件下,仍能形成好的页岩气藏。

邵阳凹陷邓家铺向斜 2015HD3 井钻获二叠系龙潭组浅层页岩气,钻遇龙潭组岩性主要为暗色泥岩,共 150m 左右(张国涛等,2019),顺层发育大量 1~5cm 厚的菱铁矿,层间见丰富的植物化石碎片,为典型的三角洲-潟湖相沉积。井深 150m 处,气测录井开始显示异常,其后气测异常随深度增加而不断增加,至 370m 左右达到最高峰,总烃接近 40%,C_1 可达 20% 以上,收集气体点火后燃烧火焰为纯蓝色(图 3-4-8),随后气测异常呈现小幅度减弱,总烃含量集中在 2%~10% 之间。

解吸气测试结果趋势与气测录井一致,150~300m 通过排水法测试解吸气含量,解吸气含量介于 0.33~1.35m³/t 之间,平均为 0.82m³/t,由于排水法测试气体会混杂空气等成分,所以其测试值会偏大。300m 以下,开始运用辽宁省海城市石油化工仪器厂研制的燃烧法解析仪测试页岩解吸气含量,这种方法消除了空气的影响,只测试可燃烃含量,所以结果可靠可信。通过测试结果发现:300~425m 为最高含气层段,解吸气含量全部大于 0.5m³/t,最高为 2.35m³/t,平均为 1m³/t,具非常优秀的解吸气含量。在温度为 30℃ 情况下,利用兰氏等温模型对 2015HD3 井进行了 12 个干样测试,结果显示兰氏体积为 1.66~3.06m³/t,平均为 2.1m³/t,相应的兰氏压力为 1.78~4.88MPa,页岩吸附理论气量较高。

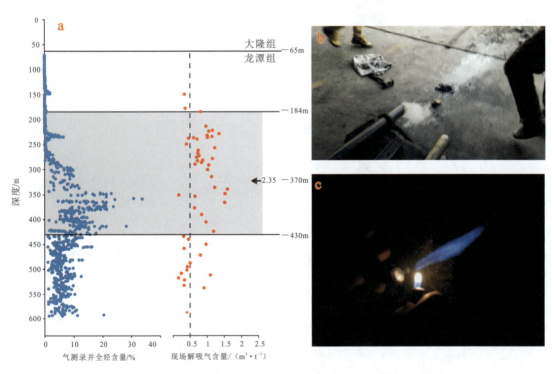

a. 气测录井与解吸气含量随深度变化;b. 岩芯出钻杆时喷出;c. 收集的气体点火。

图 3-4-8 2015HD3 井气测录井显示与钻探现场照片

第四章　页岩气成藏富集主控因素及成藏模式分析

在对本区进行了地层、构造、沉积、烃源岩有机质特征和物性特征的研究之后,确定了具有资源潜力并利于资源开发的层段作为目标层,即泥盆系佘田桥组、石炭系测水组及二叠系龙潭组。在此基础上,综合采用物理实验及盆地模拟的方法,对这些目标层的富气主控因素进行分析,为后期进行页岩气资源开发潜力评价打下基础。

第一节　泥盆系佘田桥组页岩气富集主控因素及成藏模式

一、佘田桥组页岩气富集主控因素

1. 台盆相带富有机质页岩的发育是页岩气富集成藏的基础

沉积相带控制着烃源岩的发育与品质,是决定页岩气形成与富集的物质基础。泥盆系棋梓桥组沉积期,广西裂谷活动影响到湘中地区,使涟源凹陷形成宽台窄盆的台—盆相间古地理格局。台盆相区主要沉积了泥页岩、泥灰岩,台地相区则发育中—厚层生物碎屑灰岩、泥质灰岩和礁灰岩,腕足、珊瑚化石较为常见,台地边缘可形成珊瑚礁,揭示出当时温暖潮湿的古气候特点,有利于营养物质的输入,导致生物较为繁盛,产生与之对应的较高的古生产力(钱劲等,2013)。但此时拉张活动强度不大,台盆范围较窄,水体深度增加有限,主要为常氧—贫氧的环境,不利于有机质的保存,导致高生产力背景下 TOC 含量稍低。

泥盆纪佘田桥组沉积早期,在继承前期台—盆相间的沉积格局基础上,湘中地区的台盆范围扩大,海平面上升至高位,沉积水体的加深使台盆内由前期常氧—贫氧的氧化环境转变为缺氧—厌氧的还原环境,有机质在这种深水缺氧的环境下得以保存,并且此时陆源碎屑输入较弱,从而发育了佘田桥组下部暗色富有机质页岩与泥灰岩;而向台缘斜坡与台地相区过渡,沉积水体相对变浅,主要发育碳酸盐岩夹碎屑岩的沉积,整体处于常氧—贫氧的氧化环境,不利于有机质保存,该环境下形成的页岩有机质含量仍偏低(图 4-1-1)。

因此,受沉积环境影响,湘中坳陷佘田桥组下部页岩段和泥灰岩段厚度与有机质富集程度具有明显的分区性。涟源凹陷西部新化-白溪-田坪、中部涟源-娄底-快溪以及邵阳凹陷西部隆回-武冈、东部双峰-祁阳这 4 个北东-南西向展布的台盆沉积相带内页岩及泥灰岩厚

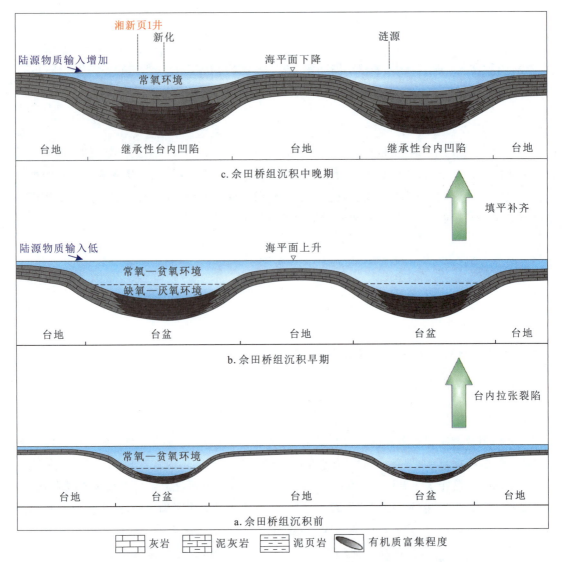

图 4-1-1 涟源凹陷佘田桥组富有机质页岩发育模式

度大、有机质含量高,机质类型总体为Ⅰ-Ⅱ型,以Ⅱ₁型为主,具有良好的生烃物质条件,为后期页岩气藏的形成奠定了基础,而周围台地相区页岩厚度小、生烃条件差,难于形成自生自储的气藏。到佘田桥组沉积中晚期,海平面下降,陆源碎屑输入增加,湘中地区整体处于填平补齐阶段,前期台盆相区过渡为继承性的台内凹陷、台地、潮坪相,沉积水体的变浅使早期环境遭到破坏,变为不利于有机质保存的贫氧—常氧环境,并且陆源供应的增加稀释了有机质的富集,从而形成佘田桥组上部以贫有机质页岩与碳酸盐岩为主的岩性组合,区内各井佘田桥组 TOC 纵向上的变化也反映出有机质富集特征。

综上所述,早期沉积与后期海平面升降造成的动态氧化—还原环境是湘中坳陷佘田桥组页岩发育与有机质富集的主控因素，台盆相带这种良好的烃源岩条件是佘田桥组页岩气和碳酸盐岩气富集成藏的物质基础。部署于台盆相区的多口井均反映出较好的含气性（如湘新地1、湘新页1井、湘新地3井等），而靠近台地相区佘田桥组含气性偏差。

2. 宽缓向斜区良好的保存条件是页岩气富集成藏的关键

湘中坳陷泥盆系沉积之后经历了多期构造运动，现今的佘田桥组页岩与泥灰岩气藏是多期构造活动叠加改造的结果，其成藏演化过程表明（图4-1-2），主生烃期后的燕山运动对页岩气成藏改造作用最为显著，中侏罗世—早白垩世是最主要的成藏改造期，现今的气藏

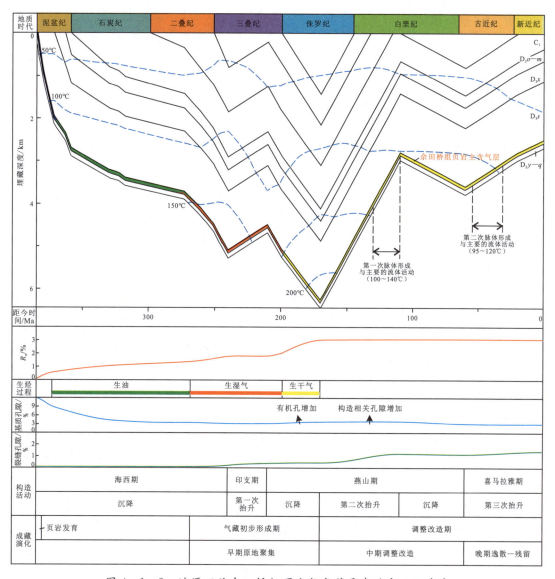

图 4-1-2　涟源凹陷佘田桥组页岩气成藏要素时空匹配关系

是多期调整改造与晚期持续逸散作用下形成的残留型气藏,因此,保存条件是该区佘田桥组页岩气能否富集成藏的关键。

多期的构造运动奠定了湘中坳陷现今凹陷与凸起相间的次级构造单元组合样式、宽缓向斜和紧闭背斜相间的隔档式(褶皱)盖层褶皱与逆冲断层组合为主的基本构造格局,各次级凹陷内自西向东分布一系列主要向斜与新化-城步、桃江、祁阳弧断裂等区域性大断裂及伴生的多个次级褶皱和断层组合。

不同构造带、构造样式与构造部位中的褶皱、断层、裂缝发育特征与发育程度均有所不同,导致页岩气保存条件存在差异。凹陷内部主要的褶皱轴向与断层走向方位大多为北东—北北东向,向斜多为短轴形态,中心区多出露三叠系或二叠系,构造相对简单,变形强度较弱,两翼岩层平缓稳定,而背斜则多呈紧闭线状形态,岩层产状变化大。湘中坳陷内的断裂主要为逆冲性质,次级凹陷内西部构造区断裂倾向以南东为主、北西为辅,形成向北西逆冲推覆的叠瓦式断层组合,并伴随一些向南东运动的重力滑动构造;中部构造区由一系列倾向北西或南东的逆断层构成背冲或对冲式构造,此外,沿测水组等软弱地层发育滑脱构造;东部构造区断裂系统主要由规模较大、倾向北西的逆冲断裂及次级断层组成,在剖面上呈现叠瓦状冲断构造特征。整个湘中坳陷的次级凹陷内,断裂更多的分布在向斜间的紧闭背斜带内,导致背斜形态多被破坏,构造变形强烈,而向斜形态相对完整,因此,宽缓向斜构造的保存条件整体优于紧闭的线状背斜构造。

就凹陷周缘区及相邻凸起构造带而言,无论是抬升剥蚀、构造变形强度,还是褶皱、断层及裂缝发育程度都强于凹陷内部,构造样式也更为复杂,主要发育紧闭褶皱与逆冲断层,大量发育的断层和裂缝构成相互连通的系统,加之地层强烈变形,含气页岩层封闭性与保存条件遭受严重破坏,后期气体散失殆尽,气藏难以保留。部署于凹陷边缘与凸起构造区的页岩气井也反映出这一特点,野外露头与钻井岩芯变形强烈,多见破碎带,佘田桥组整体含气性差。湘中坳陷内3个主要的次级凹陷中,涟源凹陷内的向斜更为宽缓,构造变形也相对更弱,其保存条件整体优于邵阳凹陷和零陵凹陷。此外,坳陷周缘分布大面积早期刚性岩体,其在深部分布面积更广,在后期构造活动中起到一定的砥柱作用,可有效减弱坳陷内部构造变形程度,对气藏保存有利。

以涟源凹陷西部青峰向斜西翼的新化含气区为例,该区内主要发育叠瓦逆冲断裂组合的构造样式,断裂主方位为北东向,后期主要受与其大角度相交的北西向构造挤压应力作用。在该应力环境下,逆断层对两侧地层具有一定的封闭性与遮挡性,在断层之间形成稳定封闭带,可有效减缓气体侧向运移时沿断层发生散失。此外,佘田桥组页岩具有较好的垂向封闭性,下伏棋梓桥组与上覆锡矿山组的致密灰岩、泥灰岩层封盖性强、厚度大,可作为佘田桥组直接有效的盖层,并且佘田桥组本身的泥质粉砂岩、泥页岩、泥灰岩及灰岩层也具有好的自封闭性,它们在凹陷范围内分布连续、稳定,彼此间可互为封隔层,使页岩气层具备良好的顶底板条件与盖层封闭性(图4-1-3)。这种侧向与垂向上稳定而有效的封闭条件,有效降低了后期构造活动对气藏的破坏,使之在调整改造过程中得以保存,部署于该区的井多揭示出一定的含气性。

第四章 页岩气成藏富集主控因素及成藏模式分析

整个湘中坳陷区内,佘田桥组在次级凹陷中心地区埋深较大,向边缘变浅甚至出露遭受剥蚀,在凹陷内宽缓向斜核部区埋深最大,向两翼至相邻背斜区依次变浅至出露地表。向斜区页岩层的埋深范围主要为500~5000m,就埋深条件而言,凹陷内部优于边缘及相邻凸起区,向斜翼部-核部区深度最适合页岩气的保存。因此,就佘田桥组页岩层的埋深、盖层、构造变形、褶皱和断裂发育等特征综合考虑,各凹陷内的向斜区为页岩气富集与保存有利区。

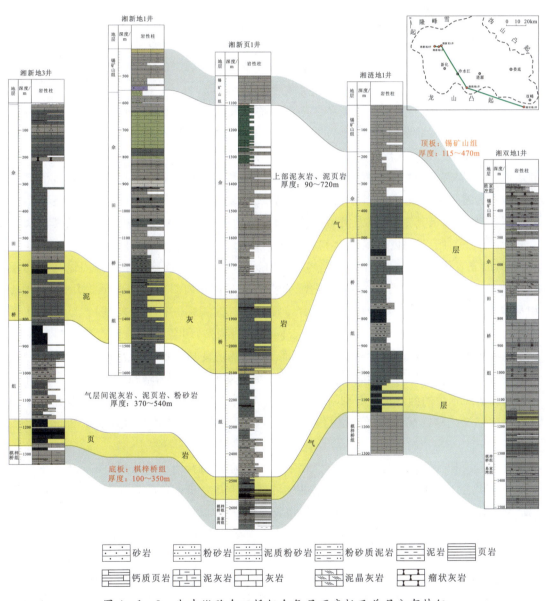

图 4-1-3 湘中坳陷佘田桥组含气层顶底板及盖层分布特征

3. 孔隙和裂缝控制优质储层发育与页岩气富集程度

页岩和泥灰岩储层为典型的低孔低渗储层。孔隙和裂缝是天然气主要的储集空间与渗流通道，二者的发育情况决定着气体的富集与产出的难易程度，尤其是裂缝，对天然气的运移、聚集成藏及形成后期产能影响显著，优势裂缝方位对气藏的空间展布也具有一定的控制作用。然而，当裂缝发育过多、尺度过大，与断裂系统过于连通，甚至沟通至浅层或地表时，将导致含气层封闭性遭到破坏、保存环境变差、气体逸散加速，不利于气藏的保存。

湘中坳陷佘田桥组属于以裂缝为主、孔隙为辅的裂缝-孔隙型储层。坳陷周缘多为与凸起相邻的接触带，构造变形异常强烈，构造裂缝过于发育，导致气体易于发生侧向和垂向扩散，并且裂缝多与临近断裂相互连通，对气藏产生的破坏较大。

如位于凹陷南缘与龙山凸起交会区的湘涟地1井及关帝庙凸起区的湘邵地1井，岩芯上构造变形强烈，裂缝密度明显较大，见多处破碎，且临近区域断层较为发育，揭示的佘田桥组含气性极差（气测全烃低于0.1%）；此外，部署于凹陷东南缘与龙山凸起东侧接触带内的湘双地1井，岩芯上变形同样强烈，充填角砾的构造破碎带和滑脱变形带常见，佘田桥组页岩段内构造裂缝密度最高达35条/m，一些层段内低角度滑脱缝甚为发育，与构造缝相互交错，对气体的保存极其不利，该井揭示的含气性也较差（气测全烃低于0.5%，解吸气含量低于$0.2m^3/t$）。对于凹陷内部紧闭背斜构造带与断层密集带，佘田桥组中裂缝同样发育强烈，不易形成有效的天然气藏。而凹陷内宽缓向斜区，裂缝发育程度低于凹陷周缘凸起及背斜构造带，所部署的井多揭示出一定的含气性，通过对青峰向斜西翼湘新页1井、湘新地1井及湘新地3井佘田桥组页岩段裂缝发育特征与含气性关系进行分析发现，三口井裂缝整体发育程度明显低于凹陷周缘的井，虽位于同一向斜构造，但各井裂缝发育程度却存在差异。由向斜中心向翼部区过渡，构造部位由低升高，构造变形与断层发育程度也随之增强，受断层逆冲与地层挤压变形影响，构造裂缝的发育程度呈现出逐渐增强的趋势，远离向斜核部相对构造高部位的湘新地3井和湘新地1井佘田桥组页岩段岩芯变形强度与裂缝发育程度明显强于靠近核部区构造低部位的湘新页1井，揭示出的页岩段含气性优于湘新页1井（图4-1-4）。

泥灰岩段含气性则以孔缝发育与保存条件均适宜的湘新地1井最好，湘新页1井和湘新地3井次之。这主要是由于湘新地3井和湘新地1井佘田桥组除裂缝发育外，与裂缝及构造活动相关的微裂缝、粒间孔、溶蚀孔也相应增加，孔隙结构中大孔的比例增大，极大地丰富了页岩的储集空间，使储层物性得到有效改善，有利于天然气的富集，而湘新页1井佘田桥组裂缝及相关孔隙发育相对减弱，尤其是页岩段，岩芯上仅分布一些层理缝，大孔比例偏低，储集空间有限，从而影响了页岩层的含气性，三口井的孔渗测试数据也体现了这一特点。其中，湘新地3井泥灰岩段孔缝更为发育，其含气性略低的主要原因是其更靠近背斜核部，泥灰岩段埋深降低导致顶板封盖性变差（泥灰岩段埋深仅500m左右）。对该区佘田桥组页岩储层的综合分析表明，裂缝过于发育将影响保存环境，加速气体逸散，导致早期形成的气藏后期遭到破坏，而裂缝不发育又使页岩储层过于致密，储集空间受限，储层物性整体较差，

第四章　页岩气成藏富集主控因素及成藏模式分析

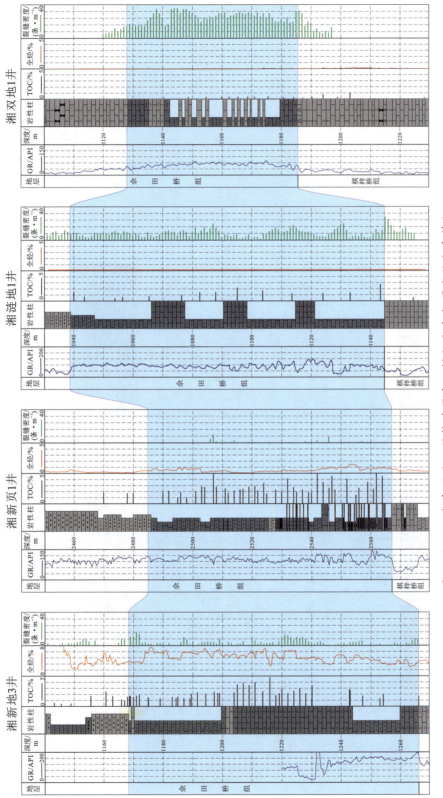

图 4-1-4　湘中坳陷不同构造区佘田桥组主含气页岩段分布特征

无法形成优质气藏,因此,次级凹陷内宽缓向斜翼部区是该区佘田桥组页岩气的有利富集成藏部位。

此外,对于湘新页 1 井,佘田桥组下部页岩段与中部泥灰岩段同样具有较好的生烃条件,泥灰岩段含气性优于页岩段主要是因为下部页岩段裂缝发育程度整体较弱(图 4-1-5),与之相应的微裂缝和相关孔隙同样偏少,储集空间主要依靠基质孔隙,故含气量相对偏低,气体仅在局部裂缝和孔隙发育带内富集,而泥灰岩段裂缝及相关孔隙发育明显增强,对总储集空间与含气性贡献较大(图 4-1-6)。因此,孔隙和裂缝对佘田桥组优质储层的发育具有重要的控制作用,是造成气藏在平面上不同区、不同部位及纵向上不同层段差异分布的一个重要因素。

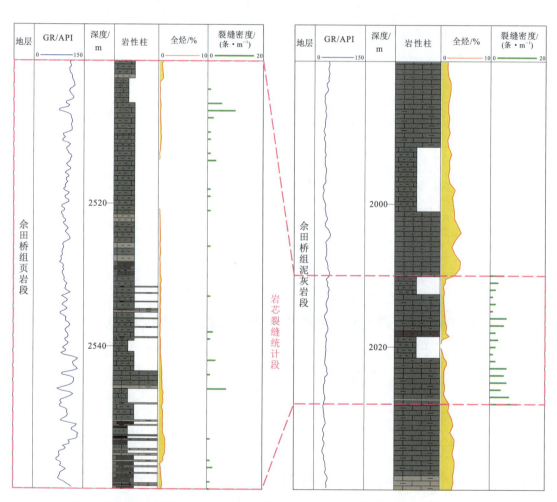

图 4-1-5　湘新页 1 井佘田桥组泥灰岩段、页岩段裂缝发育与含气性对比

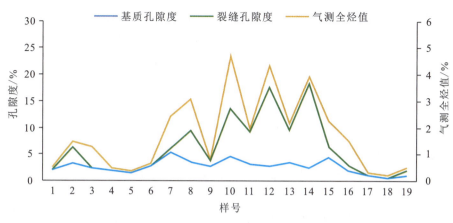

图 4-1-6 湘新页1井佘田桥组泥灰岩段裂缝与孔隙度及含气性关系

二、页岩气成藏模式

佘田桥组沉积早期,缺氧的深水台盆相环境在区内形成富有机质页岩,具备良好的生烃物质基础,在适宜的热演化程度下,有机质充分生气,为气藏的形成提供了充足气源。同时,台盆相区范围也控制着页岩气藏的平面分布与整体规模。

湘中坳陷泥盆系先后经历了印支、燕山、喜马拉雅等多期构造运动,形成了现今北东-南西向凹陷和凸起相间的整体构造格局、北西-南东向宽缓向斜与窄陡背斜相间的凹陷内部构造样式,并主要发育一系列以北东向展布逆断层为主加少量正断层的断层组合。主生烃期后,受燕山期和喜马拉雅期的逆冲推覆作用影响,构造变形与抬升剥蚀程度呈现凹陷内部弱、周缘及相邻凸起区强,向斜构造区弱、背斜构造区强的特点。凹陷内紧闭背斜、凹陷周缘及相邻凸起区构造样式复杂、构造变形与抬升剥蚀强烈、断层和裂缝大量发育并相互连通构成烃类运移与逸散的通道系统等特征,使早期气藏的封闭性与保存条件遭受严重破坏,气体加速散失,导致现今佘田桥组整体含气性变差;凹陷内的宽缓向斜区,构造样式简单,变形与抬升剥蚀相对弱,断层和裂缝发育适中,逆断层侧向封堵性与遮挡性较好,顶底板与盖层纵向封闭条件优越,可有效抑制气体逸散,有利于页岩气的富集与保存,并且佘田桥组内部各层间具有相对较好的自封闭性,可在纵向上形成多个独立的含气层。

对于同一向斜含气构造,气体富集程度同样存在差异,以涟源凹陷内青峰向斜西翼的新化含气区为例,早期原地或就近聚集形成的气藏在后期调整改造过程中,气体会发生由低部位向高部位的整体性侧向运移,同时受逆断层侧向封闭性的影响,在构造高部位与封闭性断层带附近依次汇聚,最终形成了该区封闭性断裂间由北西高部位向南东低部位含气性逐渐变差的页岩气富集趋势。此外,气体在整体侧向运移过程中,遇到局部的断层与中高角度裂缝发育带时,会沿断层、裂缝等通道发生垂向运移,进入上部临近的砂岩层,并在层内合适的构造部位与保存条件下重新聚集,形成局部的致密砂岩型气藏。

鉴于页岩储层低孔低渗的典型特征,裂缝不仅是烃类运移的通道,也是佘田桥组页岩的重要储集空间,并且裂缝发育带内与构造活动相关的微裂缝、粒间孔、溶蚀孔也相应增加,这种孔缝组合极大地扩展了页岩储集空间。烃类气体在后期改造运移中会优先进入孔缝发育带聚集,尤其是孔-缝-网的组合,极大地改善了储层的储渗空间,在断层侧向与顶底板、盖层垂向稳定有效的封闭条件下,裂缝及相关孔隙越发育其含气性越好,发育程度的差异是造成平面上不同区与纵向上不同层段间气体差异聚集的重要因素。

区内构造高部位与断裂带附近往往构造变形更强、裂缝更为发育,匹配该区较好的断层、顶底板及盖层封闭性,这是位于西侧高部位且临近断裂带的湘新地3井佘田桥组页岩含气性好于东侧靠近向斜核部低部位的新页1井的一个主要原因。而对于页岩之上的泥灰岩层,裂缝发育程度整体强于页岩段,由西部构造高部位向东部低部位,裂缝及相关孔隙的发育呈现减弱的趋势,该层整体表现出较好的含气性。其中,西部湘新地3井裂缝最为发育,但由于该井泥灰岩段埋深较浅(仅为500m),靠近地层出露区盖层封闭性变差,保存条件受到一定影响,气藏后期发生较大程度的散失,不过仍具不错的气显(气测全烃值最高超过3‰,解吸气量最高为$2.63m^3/t$);中部湘新地1井泥灰岩段裂缝也较为发育,保存条件适宜,含气性更好(气测全烃值最高超过30%,解吸气量最高为$3.49m^3/t$);东部湘新页1井裂缝虽弱于西部两口井,但明显强于其下部页岩段,也具有良好的含气性(气测全烃值最高超过10%,直井压裂测试产气量为$3517m^3/d$)。

基于佘田桥组沉积环境、有机地球化学、源-储特征,结合区内构造样式与构造变形、页岩气成藏演化、裂缝发育、保存条件及含气性等特征的综合分析,总结出湘中坳陷佘田桥组"源储一体、差异分布、沉积相供烃控区、构造-裂缝控保定富"的页岩气富集成藏模式(图4-1-7)。

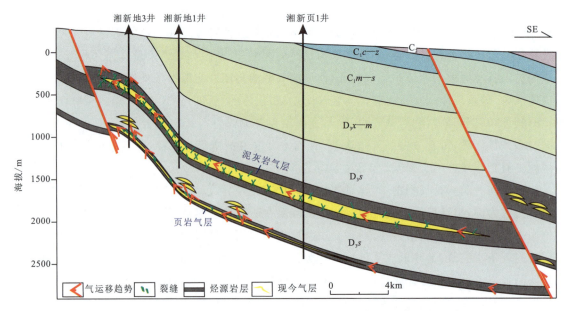

图4-1-7 湘中坳陷新化地区佘田桥组页岩气富集成藏模式示意图

第二节 石炭系测水组页岩气富集主控因素及成藏模式

一、测水组页岩气富集主控因素

(一)潟湖相带富有机质泥页岩的发育是富集成藏的基础

测水组沉积时期,湘中坳陷的海平面整体呈震荡趋势。早期,整个湘中地区主体为广阔的潟湖海湾沉积环境,沉积了一套以灰黑色泥岩、粉砂质泥岩和粉砂岩为主的地层,且一些地区相伴发育有泥碳沼泽,形成了厚度不一的多个煤层(张琳婷等,2014)。潟湖夹沼泽相沉积环境,有利于有机质的富集与保存,从而形成了测水组下部暗色富有机质页岩、粉砂岩夹煤岩地层。

然而,海平面的震荡也使得湘中地区的沉积环境复杂多变,浅水陆棚、三角洲、障壁岛、潮坪等沉积相均有分布,导致测水组下部的暗色泥页岩厚度在区内呈现出较大的差异性,平面上展布也极不均匀。受沉积环境变化影响,湘中坳陷测水组下部泥页岩厚度与有机质富集程度具有明显的分区性,形成了以冷水江片区与双峰-新邵-隆回-新宁狭长廊带区为中心的两个主要的潟湖沉积相区(图4-2-1)。潟湖相沉积环境持续时间最长,发育了厚度大、有机质含量高的测水组下段泥页岩层(累积厚度多大于50m,TOC多在2%以上),有机质类型以Ⅱ型为主,具有良好的生烃物质条件,为后期页岩气藏的形成奠定了基础,尤其是冷水江地区,部署于该区的涟参1井、2015HD6井等多口探井都揭示出较好的含气性。而两个中心之外的其他地区,因潟湖沉积环境多呈间断性,测水组下段泥页岩厚度较低,砂岩比例明显增多,后期虽生成一定的天然气,但规模有限,难以形成有效的气藏。测水组沉积晚期,湘中坳陷的海平面整体呈震荡下降趋势。该时期区内主要为滨外泥质、砂泥质、混积陆棚等浅水陆棚环境,形成了测水组上部灰色粉砂岩、细砂岩与灰色泥岩互层的岩性组合,并夹有灰色泥质灰岩,其生烃能力较差,该段中的天然气主要来源于下部的运移,因此其在区域上的含气性取决于测水组下部地层,二者具有相似的分布规律,但整体的含气性明显低于下段。

(二)良好的保存条件是页岩气富集成藏的关键

湘中坳陷石炭系测水组气藏是多期构造活动叠加改造的结果,其成藏演化过程表明,测水组在中—晚三叠世为生排气高峰期,该时期也是主要的成藏期;之后的燕山运动对气藏改造作用最为显著,中侏罗世—早白垩世是最主要的成藏改造期,致使早期气藏遭受破坏或改造形成次生气藏;晚燕山—喜马拉雅期构造运动导致已有的气藏进一步逸散,现今的气藏是

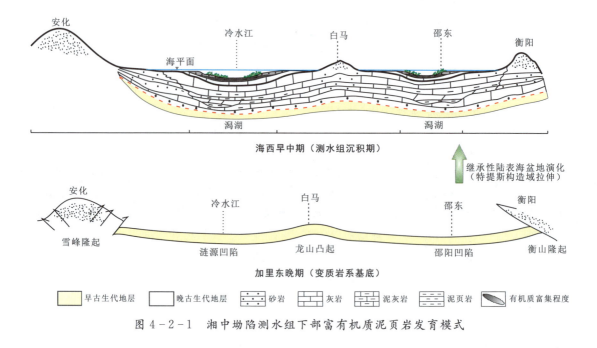

图 4-2-1 湘中坳陷测水组下部富有机质泥页岩发育模式

多期调整改造作用下形成的残留型气藏。因此,保存条件是决定测水组气藏品质的关键。其中,构造作用对测水组页岩气藏的保存起主控作用,除构造相关因素之外,埋深、顶底板和盖层条件、地层流体等对气藏的保存也具有重要影响。

1. 构造作用

湘中坳陷现今的次级构造单元组合样式与构造格局是多期构造运动共同作用的结果。不同构造带、构造样式与构造部位,地层抬升剥蚀强度与褶皱、断层及裂缝发育程度有所不同,导致页岩气保存条件存在较大差异。前文提到次级凹陷内的宽缓向斜区构造相对简单,变形强度较弱,岩层平缓稳定,构造保存条件较好,而紧闭背斜区抬升剥蚀与构造变形强烈,形态多被破坏,断层、裂缝较发育,保存条件相对差,测水组与泥盆系佘田桥组气藏整体具有相似的构造保存条件与保存有利区。

然而,主成藏期后的多期构造挤压与重力作用导致区内地层沿测水组软弱地层系(尤其是煤系泥页岩层)发生明显的顺层滑脱,形成区域上的构造滑脱带。该滑脱带恰是测水组内重要的含气层,多次的滑动使带内页岩中大量的吸附气解析为游离气,并使气体顺滑脱带发生层内侧向上的加速运移,依循优势运移方向由低部位进入高部位,并在适当部位重新聚集,形成游离气为主、吸附气为辅的改造型气藏。对于湘中地区构造保存条件较好的向斜区,层间的滑脱作用使气体由向斜中心向两翼及相邻的背斜翼部等高部位运移,并在逆断层等造成的侧向封隔及压力封闭条件下汇聚。

部署于车田江向斜中心及两翼的 3 口探井的含气性也反映出上述特点(图 4-2-2),

第四章 页岩气成藏富集主控因素及成藏模式分析

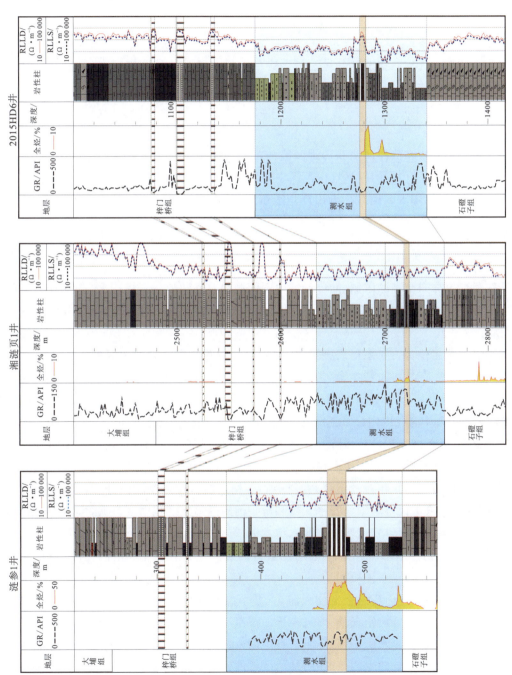

图4-2-2 涟源凹陷丰田江向斜区不同构造部位测水组页岩含气性特征

3口井均钻遇测水组下部优质泥页岩层,且均具有良好顶底板与盖层封闭性条件(向斜中心的湘涟页1井埋深、顶底板、盖层条件最优)。其中,位于向斜东西两翼的2015HD6井和涟参1井揭示出测水组良好的含气性(2015HD6井现场解吸气含量为1.5~3.32m^3/t,平均为2.18m^3/t;涟参1井解吸气含量为1.53~2.93m^3/t,平均为2.03m^3/t),而位于向斜核部的湘涟页1井含气性略差(解吸气含量为0.11~0.38m^3/t,平均为0.15m^3/t),前者良好的含气性得益于整个含气向斜构造区气体沿滑脱带的顺层优势运移及两侧逆断层的侧向封堵,相对低部位的向斜核部区虽有不错的储集空间,但因侧向运移含气量降低。

2. 埋深

测水组泥页岩段在涟源凹陷和邵阳凹陷的主要向斜区中心埋深较大(青峰、车田江、桥头河、恩口-斗笠山、洪山殿向斜),埋深范围主要为1000~3000m,向斜两翼及相邻背斜区埋深逐渐变浅,背斜核部区因构造抬升出露地表甚至遭受剥蚀。因此,就埋深条件而言,凹陷内的向斜区最适宜测水组页岩气的保存。

3. 顶底板与盖层

受残留地层分布范围的限制,湘中坳陷内不同构造单元的地层岩性组合、厚度及分布特征存在一定差异,因此,测水组页岩段在不同地区内顶底板与盖层可能有所不同,但整体条件较好。

测水组上覆层位为石炭系至三叠系,其中有较强封盖能力的岩性主要有其上紧邻的梓门桥组泥灰岩、钙质泥页岩、膏盐岩,二叠系小江边组泥页岩、泥灰岩,龙潭组煤系、泥页岩,大隆组泥页岩、硅质岩,三叠系大冶组泥灰岩等;而其下伏石磴子组钙质泥岩、瘤状灰岩层厚度一般达到或超过200m,且在区内分布较稳定,整体封闭性强,可作为测水组页岩气良好的底板。

二叠系、三叠系因强烈的挤压隆升作用而剥蚀严重,仅存在于凹陷中部的几个向斜构造内,对向斜中心区的测水组含气层段具有较好的封盖作用,其余地区已经失去应有的保护作用。石炭系梓门桥组出露相对较低,除背斜中心等构造高部位遭受剥蚀外在凹陷区内均有分布,在涟源凹陷冷水江—温塘—安平一带和桥头河附近地区沉积厚度最大,可达160m,其下部的泥灰岩、钙质泥页岩直接覆盖于测水组之上,有效地封堵了气体向上逸散并在一定程度上抑制了上覆地层流体、气体的下渗,对泥页岩的含气性具有重要的控制作用,是测水组最直接的盖层。

从钻探情况来看,梓门桥组之上的大埔组、马平组碳酸盐岩岩芯上溶蚀孔洞异常发育,且钻探过程中常遇到钻具放空现象,而进入梓门桥组后,溶孔、溶洞发育明显减少,尤其是梓门桥组下段与其下部的测水组、石磴子组岩石中均未见到强烈溶蚀现象,亦表明梓门桥组岩层对测水组具有较好的封隔作用。此外,梓门桥组内发育多层厚度不等的石膏盐层,膏盐岩的存在增强了梓门桥组地层的封盖能力。从实际钻井资料可知,涟源凹陷冷水江—温塘一带膏岩层厚度较大(表4-2-1),最大累计厚度达14.5m,由该地区往凹陷东部,膏岩层厚度呈减薄趋势。其中,车田江向斜区3口页岩气井揭示出梓门桥组发育3~5层膏盐层

(图4-2-2),厚度一般为1.5~12m,横向连续性好,并且膏盐层多分布于梓门桥组下部,与泥灰岩、泥质灰岩及钙质泥页岩等致密灰岩互层(图4-2-3)。同时,膏盐岩的存在也能造成一定范围的压力封闭,有利于其下页岩气藏的保存。

表4-2-1 涟源凹陷梓门桥组膏盐岩厚度分布

井名	膏岩厚度/m	层位	位置
涟7井	14.5	梓门桥组	冷水江附近
涟10井	夹较多石膏脉	梓门桥组	冷水江附近
邵5井	7.5	梓门桥组	温塘附近
涟深2井	1.5	梓门桥组	桥头河附近
涟页2井	2.5	梓门桥组	冷水江东部
涟参1井	8.2	梓门桥组	温塘附近

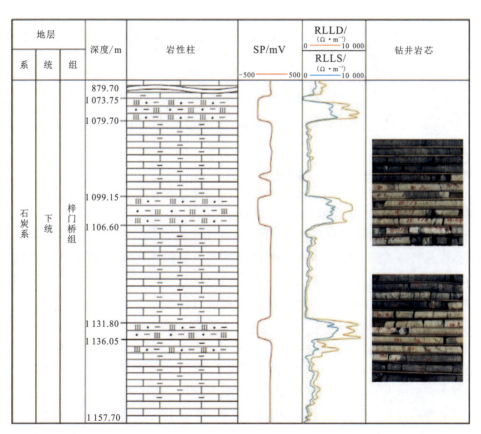

图4-2-3 涟源凹陷车田江向斜2015HD6井梓门桥组膏岩层特征

此外，测水组上段的致密砂岩、砂质泥岩及泥灰岩夹层本身可作为盖层，对下部的含气层段起直接封盖作用。涟源凹陷车田江向斜西南翼冷水江—温塘一带测水组泥页岩、泥灰岩样品突破压力分析结果显示，除金竹山剖面样品因出露地表且存在较多微裂缝而导致的压力值偏低外，其余样品突破压力均大于10MPa，中值半径小于$9\mu m$（表4-2-2），这表明测水组岩层本身对下部主要含气层具有较好的封盖能力。综合测水组地层本身性质与上覆盖层在区内的埋深、岩性组合、厚度分布和封盖能力及断层、裂缝发育等特征，将湘中涟源凹陷测水组下部含气层段的盖层划分为3个级别：一级封盖作用最好，为优质盖层（Ⅰ）；二级整体封盖性低于一级，但仍能有效抑制天然气的散失，具备形成页岩气藏的条件，为一般盖层（Ⅱ）；三级封盖能力较差甚至缺失，不利于页岩气的保存，为较差盖层（Ⅲ）（苗凤彬等，2016）。综合评价涟源凹陷不同地区盖层性质认为，中部构造带宽缓向斜中心和翼部地区盖层封闭性较好，为一级、二级盖层分布区，其中车田江向斜中心及南翼地区、桥头河向斜中心区盖层封盖性最好，属一级盖层分布区；西部构造带、东部构造带及向斜之间的紧闭背斜构造区因埋深浅、隆升剥蚀严重、断层和裂缝发育等因素的影响，盖层封闭性较差，为三级盖层分布区，不利于页岩气藏的保存（图4-2-4）。

表4-2-2 涟源凹陷测水组地层突破压力

取样位置	样品深度/m	岩性	突破压力/MPa	中值半径/μm
涟8井	360	泥灰岩	22.7	4.18
冷水江庙湾	200	泥页岩	28.19	3.15
冷水江金竹山	地表	粉砂质泥岩	1.83	47.06
涟7井	230	泥灰岩	10.35	8.53

此外，车田江向斜及相邻地区测水组自上而下主要发育了5套沼泽相煤层，厚度分布在0.5~15m之间，其孔渗低、塑性强，对气体具有很好的封盖性，且该区测水组煤层中甲烷等烃类气体含量较高，能形成好的浓度封闭，阻止相邻泥页岩中天然气的散失。向斜西翼涟参1井、涟参2井的现场气测录井结果显示，测水组纵向上存在多个气测异常段，且不同段含气量存在较大差异，除煤层具有较高的气测值外，煤层间与煤层之下的泥页岩段气测全烃值多大于2%，均值达5%，其中3#煤累计厚度在5套煤层中最大，其下泥页岩含气量也相对最高，全烃值可达9%，以轻烃为主，为纵向上优质产气层段，而煤层之上的泥页岩全烃值整体低于下部，一般小于3%（图4-2-5），高气测值层段也明显少于下部，表明煤层能有效抑制气体的纵向扩散。根据区域煤炭勘查资料，3#煤在涟源凹陷广泛分布，这种厚度大、含气量高的煤层对测水组下部页岩气藏具有很好的垂向封盖作用。

总体而言，测水组上覆梓门桥组石膏层数量多、分布广、厚度大、封盖性好，为测水组提供了优越的盖层条件。测水组上段致密砂岩、砂泥岩层可以作为主含气层的直接顶板，尤其是潟湖相区，测水组整体厚度明显更大，本身具备较好的自封闭性，且发育的多套煤层对其

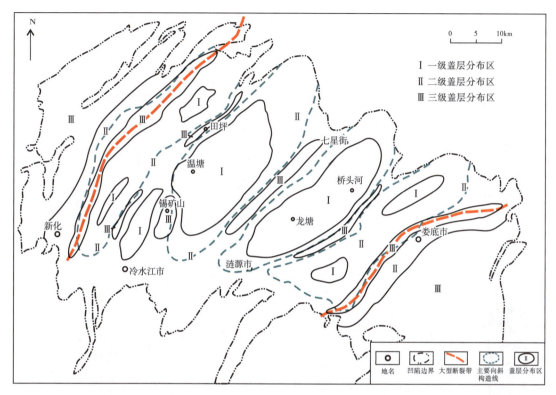

图 4-2-4 涟源凹陷测水组页岩气盖层评价

下泥页岩气层也起到了很好的封存效果。测水组下伏石蹬子组的钙质泥岩、瘤状灰岩累计厚度大、分布稳定,为测水组页岩气层提供了不错的底板条件。受埋深、沉积、构造作用等众多因素的影响,测水组泥页岩含气层的顶底板与盖层条件在湘中坳陷呈现出一定的非均匀性,次级凹陷内部顶底板与盖层封闭性明显强于凹陷周缘及相邻隆起区,向斜构造区好于背斜构造区。

4. 地层流体与水文地质条件

地层流体组成、性质等的变化是多种地质活动共同作用的结果。地层水作为地层中最广泛也最直接的一种流体,几乎参与了沉积成岩、烃类生成、运移、聚集成藏及油气藏改造破坏等的全过程,其特征(尤其是化学特征)揭示了其与地表水的交替程度,从而反映出地层的封闭性受埋深、断裂活动、抬升剥蚀、盖层及水动力等条件影响。前人根据地层水矿化度、变质系数等化学参数的不同,将地层水活动带纵向上划分为自由交替带、交替阻滞带和交替停止带,对应地层的封闭性与油气保存条件也由差变好。

测水组泥页岩地层水特征在不同构造区具有较大的差异,以车田江向斜含气区为例,其中心和南翼的温塘、安平地区钻探井中,测水组及上下层位地层水总矿化度多大于 12g/L,

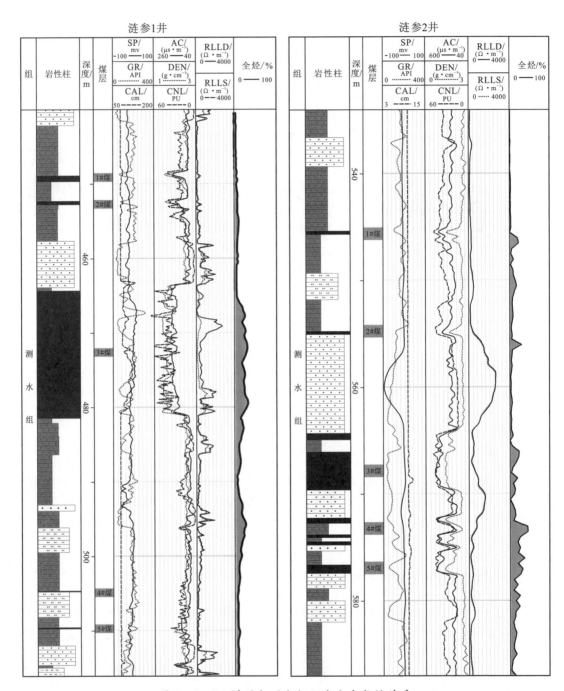

图 4-2-5 煤层与测水组纵向上含气性关系

氯离子含量多超过 8g/L,为 $CaCl_2$ 型和 $NaHCO_3$ 型水,处于交替阻滞带和交替停止带,受地表水下渗改造作用较小,为相对封闭系统,有利于天然气的保存,部署于该区的多口页岩气探井见到良好的页岩气显示。而相邻背斜核部区及靠近西部断裂带地区的钻井揭示的地层水总矿化度普遍较低,变质系数相对较大,处于自由交替带,受地表水改造强烈,不利于气藏的保存。此外,地层所产气体中氮气、二氧化碳等组分的含量也反映出地表水与地下水的连通程度,前人研究认为气体中较高含量的氮气和二氧化碳(部分由灰岩受热分解生成)多来源于大气,随地表水下渗然后脱出并赋存于岩层孔隙之中,改变了地层中原有气体的构成(陈安定,2005)。因此,气体组分中氮气、二氧化碳含量过高,表明该区地层受地表水下渗改造较强烈,封闭性差,不利于页岩气的保存。

从多口含气井测水组泥页岩解吸气组分检测结果来看,涟页 2 井解吸气中氮气和二氧化碳所占比例明显高于涟参 1 井和涟参 2 井,涟参 2 井解吸气中二者所占比例最小(表 4-2-3)。对比 3 口钻井的构造位置,涟页 2 井位于车田江向斜东侧相邻背斜带,离背斜中心较近且埋深最浅,而涟参 1 井、涟参 2 井均位于车田江向斜西南翼,涟参 2 井比涟参 1 井更靠近向斜中心,这表明车田江向斜中心区受地表水改造作用较小,地层封闭性相对较好,向翼部区及相邻背斜区过渡,封闭性逐渐变差。

表 4-2-3　不同构造部位测水组泥页岩解吸气主要组分含量　　　　单位:%

井名	氮气	二氧化碳	烃类
涟页 2 井	33.6	45.2	18.1
涟参 1 井	26.3	30.8	39.5
涟参 2 井	19.0	11.6	66.3

通过水文地质调查可知,车田江向斜为一个菱形、封闭、完整的储水构造,栖霞组下部砂质泥岩沿其外围环绕,内侧为二叠系龙潭组煤系岩层,相对阻隔,形成一个与外部无明显水力联系的独立水文地质单元,向斜内主要存在潜水与承压水两种地下水(图 4-2-6)。潜水主要以地下河的形式存在,向斜东翼发现地下暗河 7 条,长约 26km,东翼西南端暗河长 6km;西翼发现地下暗河 1 条,长约 4km。地下暗河总长 36km,总流量约 730L/s,向斜天然排泄量为 980L/s。向斜翼部和转折端的地下暗河流程较短,地下水动态不稳定。大冶组、大隆组地下水多为原地渗入,经短距离地下迳注后出露地表,是典型的与地面沟通的潜水层。大隆组硅质岩与龙潭组顶底部泥岩岩性致密、封隔性强,形成区内的隔水层,在自然条件下茅口组承压水层与其上的大冶组潜水层水力联系较弱。茅口组、栖霞组出露面积宽广,沉积厚度大,地表岩溶发育,地下水易于接受大气水垂直渗入补给,因此形成了区内最大的含水层。石炭系测水组页岩气层距承压水层 1000m 以上,通过对区内主要煤矿区调研得知,车田江向斜周缘测水组煤层在开采过程中未见煤层中含水,表明测水组并没有与上覆承压水层垂向沟通,页岩气保存并没有受到地下水的影响。

从测水组地层水特征与水文地质条件来看,次级凹陷内的车田江、桥头河向斜等宽缓向斜区测水组因埋藏深、受抬升剥蚀和断裂活动影响小、盖层完整且与上覆承压水层和潜水层

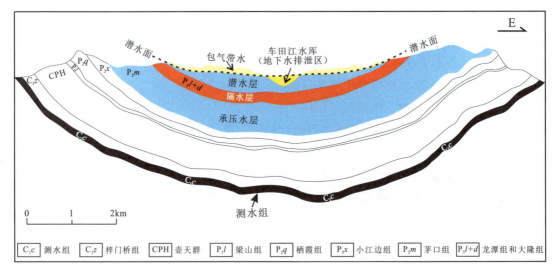

图 4-2-6 车田江向斜地下水文条件

沟通少,整体受地表水和地下水的改造作用相对弱,具有较好的保存条件。

就整个湘中坳陷区而言,从构造作用(包含构造演化、抬升剥蚀、构造样式与构造变形、断层和褶皱发育特征等)、埋深、顶底板与盖层、地层流体与水文地质条件特征等综合考虑,各次级凹陷内的向斜区及相邻背斜翼部为测水组页岩气富集与保存有利区。

(三)适宜热演化程度是页岩气富集成藏的重要因素

有机质热演化程度也是影响涟源凹陷佘田桥组页岩气形成与富集的一个重要因素。热演化程度偏低,无法生成大量的烃类气体;演化程度过高,生烃过程过早停止,导致生烃不充分,将对储层与气藏品质产生不利影响,只有适宜的热演化程度才能形成优质的页岩气藏。

整个湘中坳陷区,测水组热演化程度分布跨度大。通过对区域地质资料与区内烃源岩热演化相关测试数据的分析,区内测水组页岩的热演化除经历正常的埋藏历史外,还受岩浆热液活动所影响,尤其是发生在主要生排烃期间的印支期与燕山期热液活动,在坳陷范围内形成大范围的隐伏岩体与出露岩体,对整个上古生界的有机质热演化均产生重要影响。热液侵入带来的高温不仅会使临近区的源岩提前进入到过成熟演化阶段而停止生烃,导致无法生成大量烃类气体,也会使已形成的气体发生逸散,破坏了原有气藏的富集效应。受岩浆热液活动影响,坳陷内平面上存在几个 R_o 相对高值区($R_o>3\%$),尤以龙山凸起西部天龙山地区最为显著(R_o 最大超过 9%),并以此为中心向南北两侧的邵阳凹陷和涟源凹陷扩展,对邵阳凹陷影响范围更广一些,形成了新化南-新邵-涟源三角高值地带。其他地区受地下隐伏岩体影响较小,R_o 相对稳定($R_o<3\%$),热演化程度适中,生烃条件优越,有利于测水组天然气的大量生成。

二、页岩气成藏模式

测水组沉积早期，海平面整体呈震荡趋势，湘中坳陷整体处于以潟湖-障壁岛为主的沉积环境体系，在潟湖-泥炭沼泽相区形成了黑色富有机质页岩、粉砂质泥岩夹粉砂岩及煤层的岩性组合，具备了良好的生烃物质基础。早三叠世之后，随着埋深与温压的增加，热演化程度适宜，测水组黑色泥页岩开始进入生气阶段，并逐渐达到生排气高峰期，一直持续到早侏罗世，此过程中有机质充分生气，为后续气藏的形成提供了充足气源。同时，潟湖相区范围对气藏的平面分布与整体规模也具有一定的控制作用。

湘中坳陷在石炭纪沉积后经历了印支、燕山、喜马拉雅等多期构造运动，形成了现今北东-南西向凹陷和凸起相间的整体构造格局与北西-南东向宽缓向斜与窄陡背斜相间的凹陷内部构造样式，并主要发育一系列以北东向展布的逆断层为主的断层组合。其中，印支运动发育于生气阶段，导致地层抬升，生烃短暂停滞，但由于抬升幅度和时间有限，后续地层继续沉降并接受沉积，超过了抬升前的埋深，有机质开始再次生排气。主生烃期后，受燕山运动与喜马拉雅运动强烈水平挤压作用影响，区内地层发生强烈的抬升剥蚀与构造变形，呈现凹陷内部弱周缘及相邻凸起区强、向斜构造区弱背斜构造区强的特点，部分早期的背斜形成了"脱顶"构造，并形成了一系列以北东向展布的逆断层为主的断层组合，但并未打破坳陷内早期背斜、向斜相间排列的主体构造格局，并且在主体背向斜周缘或内部等负地形区残留一些次级背斜、牵引背斜、隐伏背斜构造及复向斜中的低背斜构造。当有测水组地层分布且上覆盖层条件良好时，这些次级背斜构造仍可成为气藏保存的有利区。

同时，多期构造挤压与重力作用导致区内地层沿测水组软弱的煤系泥页岩层系发生明显的顺层滑脱，形成区域上的构造滑脱带，这是测水组重要的含气层。这种层间的持续滑动使带内邻近的页岩中大量的吸附气解析为游离气，并顺滑脱带及滑动方向发生层内侧向上的加速运移，于合适部位重新聚集，形成以游离气为主、吸附气为辅的次生改造型气藏。

对于区内构造保存条件整体较好的向斜区域，层间的滑脱作用使气体由向斜中心向两翼及相邻的背斜翼部或次级背斜等高部位运移，并在封闭性逆断层等造成的侧向封闭条件下汇聚，打破了早期气藏在层内分布的平衡状态，导致气体富集规律发生改变，形成了向斜翼部、背斜区等高部位富集程度高，向斜中心区等低部位富集程度低的气体分布特点，但富气的构造高部位一般具有合适的侧向与垂向封闭性与良好的保存条件，否则气体将继续发生逸散。车田江向斜测水组具有典型的中心区含气差而两翼含气好的特点，两翼良好的含气性得益于整个含气向斜构造区气体沿滑脱带的顺层优势运移聚集及两翼相邻逆断层的侧向封堵。与泥盆系佘田桥组页岩储层相比，测水组泥页岩储层整体孔缝较为发育，具有更好的储渗空间，造成向斜中心区低含气性的主要因素并非缺少储集空间，而是侧向运移导致含气降低。

基于测水组沉积环境、有机地球化学、源-储特征，结合区内构造样式与构造变形、成藏演化、保存及含气性等特征的综合分析，形成了湘中坳陷测水组"构造-滑脱双重控保定富"

的背向斜—断裂型页岩气富集成藏模式。保存条件较好的逆掩封闭断层下盘、向斜两翼及背斜构造为页岩气富集有利区,寻找埋深适宜、相对稳定的高部位区或圈闭是实现湘中地区测水组页岩气勘探突破的关键(图4-2-7)。

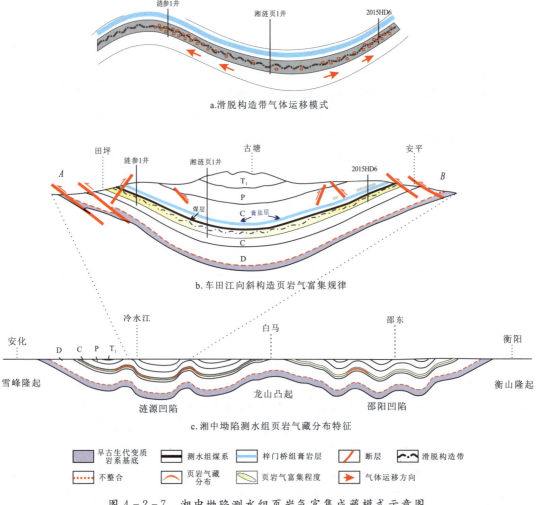

图4-2-7 湘中坳陷测水组页岩气富集成藏模式示意图

第三节　二叠系龙潭组页岩气富集主控因素及成藏模式

一、龙潭组页岩气富集主控因素

(一)潟湖—沼泽相富有机质泥页岩的发育是富集成藏的基础

龙潭组沉积时期,湘中地区总体为一相对局限的水体环境,主要发育一套障壁海岸与局限浅海沉积体系,这种海陆过渡背景下的沉积环境复杂多变,潟湖-沼泽、浅水混积陆棚、三角洲、障壁岛、潮坪等沉积相均有分布,且沉积作用受控于两个大型断裂。优质泥页岩夹煤层主要发育于潟湖-沼泽相及三角洲前缘沉积环境,该环境有利于有机质的富集与保存。但复杂多变的沉积环境导致龙潭组暗色泥页岩沉积极不稳定,厚度在区内呈现出较大的差异性,平面上分布极不均匀,主要集中于邵阳凹陷(最大厚度超过 200m),少部分位于涟源凹陷南部(厚度主要分布在 25~45m 之间,最大达 80m),由南往北厚度大致呈减小趋势。受沉积环境影响,龙潭组页岩厚度与有机质含量在平面上具有大致相似的分布特征,高 TOC 与页岩厚度区主要分布在以邵阳凹陷短坡桥-牛马司、邓家铺及涟源凹陷的涟源市为中心的 3 个区域(TOC 大于 2%)。这 3 个区域主要为潟湖-沼泽相沉积环境,持续时间长,发育了厚度大、有机质含量高的页岩层,有机质类型以 II 型为主,具有良好的生烃物质条件,可为后期页岩气藏的形成奠定基础。而这 3 个区域之外的其他地区,或因潟湖沉积环境多呈间断性,泥页岩厚度降低,砂岩比例增多,后期虽生成一定的天然气,但规模有限,难以形成有效的气藏。

(二)良好的保存条件是页岩气富集成藏的关键

湘中坳陷二叠系龙潭组沉积后主要经历印支、燕山和喜马拉雅 3 期构造运动,现今的气藏是多期构造活动叠加改造的结果,为典型的残留型气藏。龙潭组页岩在早—中侏罗世进入生排气高峰期,该时期也是主要的成藏期。之后的燕山运动对气藏改造作用较为显著,中侏罗世—早白垩世是最主要的成藏改造期,致使早期气藏遭受破坏或改造形成次生气藏。晚燕山—喜马拉雅期构造运动导致已有的气藏进一步泄漏与散失,最终形成残留气藏。因此,保存条件是决定龙潭组页岩气富集成藏的关键。其中,构造作用对测水组、龙潭组页岩气藏的保存起主导作用,埋深、顶底板和盖层条件等对气藏的保存也具有重要影响。

1. 构造作用

龙潭组与石炭系测水组及泥盆系佘田桥组同属晚古生代地层,在区内沉积后经历的构造活动一致,因此与前两者构造保存条件相似,有利的构造保存区与构造部位大致相同。但龙潭组主要残留于向斜中心区,埋深降低,受浅层断层、裂缝发育及大气淡水下渗影响大于下部老地层,因此受构造作用影响,容易发生气体的逸散。综合考虑,次级凹陷内的宽缓向斜区构造变形及断层、裂缝发育相对弱,为龙潭组页岩气保存有利区,尤其当临近两侧出露区存在封闭性较好的反向遮挡逆断层时,保存条件更佳。目前,涟源凹陷桥头河向斜核部的湘页1井与邵阳凹陷邓家铺向斜核部的2015HD3井均在龙潭组页岩中见到一定天然气显示(埋深小于800m),表明区内向斜中心区龙潭组具有一定的浅层页岩气资源潜力。

2. 埋深

龙潭组地层在整个湘中坳陷分布相对局限,主要分布于次级凹陷的向斜核部地区,在向斜中心的最大埋深低于1500m,主要在1000m以下,向斜外围埋深通常小于500m,背斜区多被剥蚀。因此,就埋深条件而言,仅凹陷内的向斜区适宜龙潭组页岩气的保存。

3. 顶底板与盖层

湘中地区龙潭组地层分布较少,仅存在于部分向斜中心。龙潭组富有机质页岩发育在海陆过渡相,岩性变化快,页岩不稳定,富有机质页岩段常与砂岩层、煤层伴生。该段富有机质页岩主要在地层的中上部,由南往北厚度逐渐减小。龙潭组底板主要为茅口组灰岩、硅质灰岩或孤峰组硅质岩、硅质灰岩,岩石较致密,厚度大;顶板地层变化也较大,主要为龙潭组自身上部砂质泥岩、砂岩,大隆组硅质岩、硅质灰岩及大冶组下部泥灰岩夹泥岩,厚度较大。总体而言,龙潭组上覆大隆组、大冶组地层与下伏茅口组或孤峰组地层厚度大、岩性致密,具有较好的封盖性,为龙潭组提供了良好的顶底板与盖层条件。

二、页岩气成藏模式

该区龙潭组页岩气为典型的多期构造运动和抬升剥蚀改造后的逸散残留气藏,龙潭组页岩仅分布于次级凹陷内的向斜中心,埋深较浅,页岩厚度与品质受控于潟湖-沼泽相沉积环境,向斜区构造稳定,断裂发育少。因此,湘中地区龙潭组页岩气富集成藏相对简单,主要为"沉积相供烃控区、保存条件控富"的残留向斜型成藏模式。

第五章 页岩气有利区带优选和资源潜力评价

第一节 页岩气评价标准

页岩气成藏具有自生、自储、自封闭等特殊性,故页岩气的富集区和优选参数也不同于常规油气(董大忠等,2011;张金川等,2012),现阶段发现的大型页岩气藏主要集中于盆地边缘斜坡处或克拉通盆地(翟刚毅等,2017)。页岩气藏储层连续分布,具有较强的非均匀性,包括多种气体富集机制、控制产能的因素。因此,页岩气资源评价中既要考虑地质因素的不确定性,也要考虑技术、经济上的不确定性。不同勘探开发阶段适用的方法不同,关键参数不同,参数获取方式不同,资源估算结果也有较大差异。在不同的勘探阶段及不同资料获取程度情况下可采用不同评价方法,目前主流页岩气资源评价方法主要有如下几种。

一、类比法

类比法是一种简单快速的评价方法,能够快速对一个地区进行页岩气资源量的粗略估算。具体过程:首先确定评价区的页岩展布面积、有效页岩厚度;其次根据评价区页岩吸附气含量、页岩有机地球化学特征、储层特征等关键因素,结合页岩沉积、构造演化等地质条件,与已知含气页岩对比,按地质条件相似程度,估算评价区资源丰度或单储系数;最后按式(5-1)估算评价区页岩气资源量。

$$Q = S \times k \quad 或 \quad Q = S \times h \times a \tag{5-1}$$

式中:Q 为评价区页岩气资源量,单位为 $10^8 m^3$;S 为评价区有效页岩面积,单位为 km^2;h 为有效页岩厚度,单位为 m;k 为页岩气资源丰度,单位为 $10^8 m^3/km^2$;a 为页岩气单储系数,单位为 $10^8 m^3/(km^2 \cdot m)$。

类比法比较适合勘探开发程度较低的地区,我国页岩气评价早期对比参照对象通常是北美五大含气页岩,但随着我国页岩气勘探程度越来越高,类比法精度不高的缺陷越来越明显,已经不太适用于我国的页岩气资源评价。

二、体积法

当取得一定的含气量数据或拥有开发生产资料时,使用体积法进行页岩气资源和储量的计算是比较方便且常见的方法,其评价基础是页岩气的蕴藏方式相对简单,具体计算公式如式(5-2)所示。

$$Q = 0.01 \times A \times h \times \rho \times C \tag{5-2}$$

式中:Q 为页岩气地质资源量,单位为 $10^8 \mathrm{m}^3$;A 为含气页岩分布面积,单位为 km^2;h 为有效页岩厚度,单位为 m;ρ 为页岩密度,单位为 $\mathrm{t/m}^3$;C 为现场解吸总含气量,单位为 m^3/t。

体积法适用页岩气调查评价与勘探开发各阶段,对各种地质条件也没有特殊要求,缺点是其计算参数较单一且模型简单,无法如实反映厚度与含气量变化导致的资源计算结果的差异。

三、动态法

动态法利用气藏压力、产量等随时间变化的生产动态资料计算储量,适用于有足够的压力和产量变化等生产数据的情况。通常包括压力/累计产量法、物质平衡法(也称压降法)、递减曲线分析法等。

(1)压力/累计产量法是利用累计产量和压力递减的关系进行产量外推。运用该模型预测储量方法简便,但预测的后期产量以及估计的累计产量比用体积法大得多,而且在压力趋势稳定之前的直线外推,只代表游离气的产出量。

(2)物质平衡法是以物质平衡为基础,对平均地层压力和采气量之间的隐含关系进行分析,建立适合某一气藏的物质平衡方程,这也是目前页岩气藏较常用的一种评价方法。物质平衡法适用于密闭气藏系统的近似计算,不适用于页岩与相邻地层连通的情况。同时,必须有足够的压力和可靠的生产数据,并且储层必须达到半稳定状态。

(3)递减曲线分析法适用于已经生产了相当长时间,并建立了可靠的产量递减趋势的地区。它以产量最高年为基准,利用后期每年的产量占最高年产量的百分比关系,作出综合产量/时间递减曲线图,该方法在美国泥盆系页岩气的生产中得到较好应用。该方法的优点是能不断校正并反映一口井在整个生产过程中气层条件的变化,评价结果准确真实地反映了动态的变化。

以上 3 种不同的评价方法适用勘探开发阶段不同,要求的资料详实与精度不同,评估数据的可靠性也有差异。2010 年以前我国缺乏相应的页岩气钻井资料,资源评估更多参考北美地区数据通过类比法进行计算。随着四川涪陵—焦石坝地区页岩气取得实质性突破,国内页岩气勘探工作也开始大面积展开,除了早期的勘探井以外,后续更是获得了较为丰富的开发井资料,积累了较多的实测数据与研究成果,资源量评价摆脱了早期类比法计算的阶段,逐渐可以运用体积法、动态法等评价方法。湘中地区大规模页岩气调查评价始于 2012

年,最具代表性的就是湘新页1井的勘探部署实施。至2021年,中国地质调查局已经相继部署10余口页岩气钻井与280km以上二维地震测线,并于2020年完成湘新页1井直井压裂与含气性测试工程,获取了比较丰富的第一手勘探资料,具备页岩气资源量评估的坚实基础。

无论利用什么方法计算页岩气资源量,其估算准确度都受资料丰富程度与模型贴切程度两个因素制约。鉴于湘中地区页岩气勘探开发所处阶段与资源掌握程度,结合各种资源评价方法的优缺点,本次页岩气资源评价采用概率体积法来评估(张金川等,2012),主要评价指标将参考中国地质调查局印发的《1∶5万页岩气基础地质调查工作指南(试行)》,并结合实际勘探情况进行小幅调整。与此同时,运用相对更科学的计算方法——蒙特卡罗法来实现,通过更贴近真实富有机质页岩分布情况的模型,以及更能体现含气量概率分布的约束因子来计算页岩气资源量。

页岩气有利富集区的优选综合考虑了多种因素,以北美页岩气为例,有利富集区优选参数主要包括富有机质页岩的有效厚度、有机碳含量、有机质成熟度、脆性矿物、黏土矿物、物性、含气量等,优选过程应结合页岩气成藏地质特征,不同环境下形成的页岩气藏各个因素的下限存在差异。结合本区实际情况,湘中坳陷页岩气资源评价关键参数包括富有机质页岩厚度、有机碳含量、有机质成熟度、含气量、埋藏深度、构造复杂程度、断裂发育情况等。分析富有机质页岩与碳酸盐岩烃源岩厚度与埋深数据,并综合考虑野外实测剖面、钻井、二维地震及前人地层资料,武汉地质调查中心对湘中地区泥盆系佘田桥组地层进行多年研究,具有丰富的数据积累,结合二维地震资料可以对该地区泥盆系富有机质地层厚度和埋深作较为细致的刻画,进而利用概率分布曲线直观真实地反映厚度分布。含气量数据主要来源于近年的页岩气井,如湘新地1井、湘新地3井、湘新页1井、湘双地1井、2015HD2井、湘涟地1井等,其他有机地球化学指标主要通过取得露头或钻井岩芯样品数据测试获得,资料详实可靠。参考《1∶5万页岩气基础地质调查工作指南(试行)》,结合区域地层实际情况,页岩气有利区划分标准为含气量≥$1.0m^3/t$、TOC>1.5%、1.0%<R_o<3.5%、有机碳含量超过1%的页岩厚度≥20m、埋深介于500~4500m之间、距主干断裂1.5km以上。碳酸盐岩段烃源岩气有利区划分标准根据实际情况进行小幅调整:含气量≥$1.0m^3/t$、TOC>0.5%、1.0%<R_o<3.5%、有机碳含量超过0.5%的页岩厚度≥100m、埋深介于500~4500m之间、距主干断裂1.5km以上(表5-1-1)。

表5-1-1 研究区资源评价有利区优选指标

序号	参数	主要指标
1	含气性	研究区有钻井含气量≥$1.0m^3/t$
2	有机质丰度	页岩段:TOC>1.5% 碳酸盐岩段:TOC>0.5%
3	富有机质地层厚度	页岩气:有机碳含量超过1%的页岩厚度≥20m 碳酸盐岩段:有机碳含量超过0.5%的页岩厚度≥100m

续表 5-1-1

序号	参数	主要指标
4	有机质成熟度	$1.0\%<R_o<3.5\%$
5	保存条件	地层构造较稳定,距主干断裂 1.5km 以上
6	埋深	$500\sim4500m$

页岩气地质资源量分级拟采用Ⅰ级(好)、Ⅱ级(中)、Ⅲ级(差)三级评价体系,评价资源的优劣程度。资源量分级按照层资源丰度分为Ⅰ级(层资源丰度$>5\times10^8 m^3/km^2$)、Ⅱ级($2\times10^8 m^3/km^2\leqslant$层资源丰度$\leqslant5\times10^8 m^3/km^2$)、Ⅲ级(层资源丰度$<2\times10^8 m^3/km^2$)。

第二节 页岩气有利区优选与资源量估算

一、泥盆系佘田桥组

湘中涟邵盆地周缘被雪峰隆起、沩山凸起、关帝庙隆起包围,内部可以划分若干向斜。区域主要存在两条北东—北北东向深大断裂——新化-城步断裂与新宁-灰汤断裂。其中,新化-城步断裂带表现为岩石圈低阻低速带的壳幔韧性剪切带。沿断裂走向岩石圈底界西高东低,落差达 97~140km。该剪切带在地幔层次向北西西陡倾,向上与壳幔边界滑脱层及中地壳韧性滑脱层相连,从而控制地壳层次的滑脱-冲断及相关的褶皱变形。因此,该断裂的汇聚俯冲很可能为雪峰构造带构造变形的动力来源。已有资料表明该断裂很可能为扬子陆块与钦杭结合带的构造分界。新元古代武陵运动后断裂西侧为扬子陆缘造山带-江南造山带,东侧为华南残留洋盆。沿断裂带在益阳,新化及隆回等地大量基性火山岩与浊积复理石建造共生。这些特点说明该断裂是一条贯穿地壳深部的大型变形构造带,可能是新元古代早期扬子被动陆缘的陆块裂解薄弱带,在加里东期扬子陆块与华夏陆块的汇聚过程中定型。

新宁-灰汤断裂截切错移冷家溪群至白垩系和加里东期至燕山早期侵入体。断裂两侧特别是东侧出现一系列低序次派生断裂。断裂走向为 20°~40°,一般倾向北西,倾角为 30°~45°,局部陡立或平缓。断裂所切错的地层皆呈现强烈的挤压、揉皱、强硅化破碎、角砾岩或由角砾岩组成的透镜体、糜棱岩化等,常有石英脉充填及矿化现象。切错岩体者,出现花岗片麻岩并显示片麻状构造或出现花岗糜棱岩等。破碎带及影响带宽为 100~500m,局部可能更大。该断裂具长期活动特征,对晚古生代沉积有一定控制作用,印支中、晚期断裂强烈活动,沿走向上规模扩大,图区南侧在越城岭又伴随有壳源重熔型花岗岩侵位,岩体西内接触带在挤压力作用下形成糜棱岩化花岗岩带。该断裂是一条明显的构造块体的分界线,断裂带两侧莫霍面落差为 1~2km,岩石圈厚度也具明显差异,西侧为 50~100km,东侧为 150~200km。由此,可以认为页岩气选区应规避以上两大断裂。

综合考虑页岩储层厚度、有机地球化学特征、埋深及保存条件等,优选了3个有利区(图5-2-1),分别为新化-涟源有利区、洞口-隆回有利区、邵东-双峰有利区。

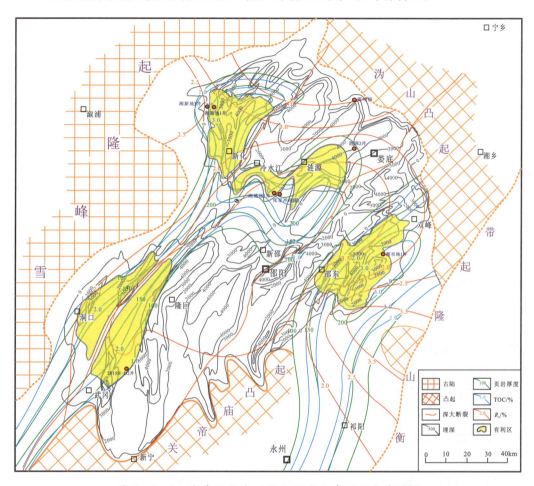

图5-2-1 湘中坳陷佘田桥组页岩气有利区分布范围

1. 新化-涟源有利区

新化-涟源有利区位于涟源凹陷西部,靠近雪峰古陆一侧,构造保存条件稳定,西部与南部以埋深>500m为界,北部以有机质成熟度小于3.5%或TOC>1%为界,东部以有机碳含量大于1.5%且埋深小于4500m为混合边界,主体埋深为1500~3800m,中间被新化-城步断裂分割,距断裂1.5km处为次级边界,赛格软件模拟显示分布面积为1285km²。

佘田桥组富有机质泥页岩厚度为56~160m,有机碳含量普遍在1.87%~3.82%之间,R_o在2.6%~2.9%之间,埋深在1000~4500m之间,沉积相为台内盆地相,岩石密度根据钻井密度测井值综合取2.52g/cm³。

区内多口页岩气钻井取得页岩气发现,湘新地3井气测录井明显异常,全烃含量多数在5%~8%之间,最高可达22.34%;现场解吸页岩气含量为0.41~1.29m³/t,总含气量为

1.48～2.63m³/t，平均为 2.01m³/t。湘新地 1 井井深为 1247～1448m，录井全烃显示为 3%～30%，多数全烃值大于 5%；现场解吸气含量为 0.31～2.44m³/t，平均为 0.83m³/t，总含气量为 1.37～3.49m³/t，平均为 1.97m³/t。湘新地 1 井上段碳酸盐岩段有机碳含量介于 0.44%～2.23%之间，平均为 0.88%，按碳酸盐岩烃源岩评价标准大于 0.5%的厚度达 262m。湘新页 1 井下段页岩含气层厚度超过 350m，全烃值达 1.49%，TOC 分布在 1.58%～8.26%之间，平均为 3.4%，TOC 均大于 2%的页岩段厚度达 77.6m。湘涟地 3 井下段页岩厚度为 135m，全烃含量多在 5%～8%之间，最高达 22.34%，现场解吸总含气量为 1.46～2.62m³/t，平均为 2.01m³/t。全井 TOC 含量变化大，为 0.4%～3.48%，平均为 1.52%，下段页岩 TOC 平均值达 1.82%。湘新页 1 井上段碳酸盐岩烃源岩气含气层厚度超过 200m，全烃值超过 10%，TOC 主要分布在 0.55%～1.55%之间，平均为 0.87%。根据碳酸盐岩烃源评价标准（TOC＞0.5%），新化-涟源有利区有效页岩厚度普遍超过 200m。

根据厚度与含气量二维随机变量法（蒙特卡罗法）计算结果（表 5-2-1）：该有利区页岩气 P5 资源量为 4 577.2×10⁸m³，P25 资源量为 4 289.9×10⁸m³，P50 资源量为 3 714.1×10⁸m³，P75 资源量为 3 153.5×10⁸m³，P95 资源量为 2 536.8×10⁸m³。

以上资源量计算采用了统计分析、图件分析等方法对计算参数进行概率分布特征研究和条件赋值，根据参数特征及可能的期望值、最大值和最小值，全部遵循正态分布的规律，其中 P5 代表为非常不利，机会较小；P25 代表条件不利，但有一定可能性；P50 代表条件一般，可形成或不形成页岩气富集，为最合理的估算值；P75 代表条件有利，但仍有较大不确定性；P95 代表条件非常有利，但不排除小概率事件。

2. 洞口-隆回有利区

洞口-隆回有利区位于邵阳凹陷西部洞口县至隆回县一带，有利区西部以埋深＞500m 为界，东部则以 TOC＞1%为界，分布面积为 1 176.4km²。

区内构造相对简单，地层倾角约 30°，佘田桥组富有机质泥页岩厚度为 35～85m，有机碳含量普遍介于 1.55%～3.25%之间，R_o 为 1.5%～2.0%，埋深在 500～2500m 之间，沉积相为台内盆地相，岩石密度根据钻井密度测井值综合取 2.52g/cm³。区内 2015HD2 井全烃高值段介于 0.02%～0.65%之间，现场解吸气不甚理想，等温吸附实验结果表明兰氏体积平均为 1.61m³/t，饱和吸附量主要在 1.26～3.21m³/t 之间，平均为 2.21m³/t。页岩含气量数据基于邻区钻井资料结合实际情况拟合，取 0.33～1.51m³/t，总体页岩气资源潜力尚可。

根据厚度与含气量二维随机变量法（蒙特卡罗法）计算结果（表 5-2-1）：该有利区页岩气 P5 资源量为 3 191.9×10⁸m³，P25 资源量为 2 416.5×10⁸m³，P50 资源量为 2 185.7×10⁸m³，P75 资源量为 1 642.3×10⁸m³，P95 资源量为 1 296.5×10⁸m³。

3. 邵东-双峰有利区

邵东-双峰有利区位于邵阳凹陷东部，主要分布在邵东县至双峰县之间的区域，其西北部以 TOC＞1%或埋深＞500m 为界，东部与南部均以埋深＞500m 为界，面积共 871.6km²。

表 5-2-1　佘田桥组页岩气有利区资源评价参数赋值表

参数		新化-涟源有利区					洞口-隆回有利区					邵东-双峰有利区				
		P5	P25	P50	P75	P95	P5	P25	P50	P75	P95	P5	P25	P50	P75	P95
体积参数	面积/km^2	4577.2	4289.9	1285	3153.5	2536.8	3191.9	2416.5	1176.4	1642.3	1296.5	2691.9	2216.5	871.6	1404.2	834.5
	有效厚度/m	160	134	105	85	56	105	79	62	45	26	113	87	60	45	20
含气量参数	总含气量/($m^3 \cdot t^{-1}$)	1.85	1.51	1.33	0.87	0.45	1.57	1.31	1.15	0.74	0.35	1.51	1.25	1.1	0.65	0.33
其他参数	TOC/%			1.87~3.82					1.55~3.25					1.26~2.81		
	页岩密度/($t \cdot m^{-3}$)			2.52					2.52					2.52		
资源量/$10^8 m^3$		4577.2	4289.9	3714.1	3153.5	2536.8	3191.9	2416.5	2185.7	1642.3	1296.5	2691.9	2216.5	1715.8	1404.2	834.5
资源丰度/($10^8 m^3 \cdot km^{-2}$)		3.56	3.34	2.89	2.45	1.97	2.71	2.05	1.86	1.40	1.10	2.29	1.88	1.46	1.19	0.71

区内构造保存相对稳定,佘田桥组富有机质泥页岩厚度为35～80m,有机碳含量普遍介于1.26%～2.81%之间,R_o为1.5～2.5%,埋深在500～2500m之间,沉积相为台内盆地相,页岩密度根据钻井密度测井值综合取2.52g/cm³。有利区内的湘双地1井1190.0～1210.0m发现气测异常,厚度约20m,岩性为泥灰岩,气测全烃基值从0.063%升至0.27%,甲烷从0.048%升至0.167%;峰值出现在1205m处,气测总烃值为0.27%,甲烷值为0.167%,岩芯浸水见不连续气泡,以裂缝气显为主。页岩气现场解吸实验结果显示页岩含气量分布在0.0003～0.245m³/t之间,平均为0.021m³/t,岩芯的含气性整体一般,可能与裂缝过于发育、保存条件较差有关,综合权衡邻井与本区实际情况,含气量取0.33～1.15m³/t。

根据厚度与含气量二维随机变量法(蒙特卡罗法)计算结果(表5-2-1):该有利区页岩气P5资源量为2691.9×10⁸m³,P25资源量为2216.5×10⁸m³,P50资源量为1715.8×10⁸m³,P75资源量为1404.2×10⁸m³,P95资源量为834.5×10⁸m³。

经统计湘中地区泥盆系佘田桥组页岩气地质资源量合计7615.6×10⁸m³。其中,新化—涟源有利区最合理估算资源量为3714.1×10⁸m³,资源丰度为2.89×10⁸m³/km²,属Ⅱ级(中)资源区;洞口-隆回有利区最合理估算资源量结果为2185.7×10⁸m³,资源丰度为1.86×10⁸m³/km²,属Ⅲ级(差)资源区;邵东-双峰有利区最合理估算资源量结果为1715.8×10⁸m³,资源丰度为1.46×10⁸m³/km²,属Ⅲ级(差)资源区。

二、石炭系测水组

综合考虑页岩储层厚度、有机地球化学特征、埋深及保存条件等,优选了3个有利区(图5-2-2),分别为车田江有利区、洪山殿有利区、新宁-隆回有利区。

1. 车田江有利区

车田江有利区主体位于涟源凹陷中部车田江向斜,少部分位于冷水江周边。西部抵近新化-城步断裂,东部与南部均以埋深＞500m为界,北部以TOC＞1%为界,分布面积约333km²。

该区整体为一紧闭向斜,构造相对稳定,地层倾角约30°,测水组下段富有机质泥页岩厚度为40～100m,有机碳含量普遍介于1.0%～2.5%之间,R_o在2.0%～3.0%之间,主体埋深在500～3000m之间,沉积相为潟湖-沼泽相。该有利区及周缘存在多口页岩气钻井,向斜中心的湘涟页1井气测全烃从0.11%上升至1.83%,甲烷则从0.1%上升至1.6%,现场解吸总含气量介于0.11～0.38m³/t之间,平均为0.15m³/t。2015HD6井测水组含气段共71.8m,现场解吸气含量为1.08～2.6m³/t,平均为1.82m³/t,总含气量为1.5～3.32m³/t,平均为2.18m³/t。涟参1井钻获测水组含气层段超过80m,气测全烃值基本介于1.02%～27.3%之间,平均为7.21%,现场解吸含气量为1.53～2.93m³/t,平均为2.03m³/t,与2015HD6井测试结果相似。涟参2井在测水组发现6段气测异常,全烃最大值达到

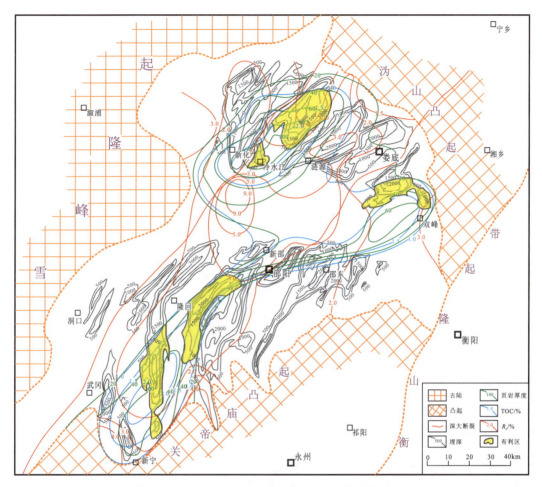

图 5-2-2 湘中坳陷测水组页岩气有利区分布范围

82.55%,整体显示页岩含气量较高,页岩气资源潜力优秀。

页岩密度结合钻井岩芯与野外露头样品岩石密度测试资料,取平均值为 2.63g/cm³,依据参数井和地质调查井实钻结果,含气量取值范围为 0.45~2.32m³/t。根据厚度与含气量二维随机变量法(蒙特卡罗法)计算结果(表 5-2-2):P5 资源量为 914.6×10⁸m³,P25 资源量为 789.9×10⁸m³,P50 资源量为 684.2×10⁸m³,P75 资源量为 415.5×10⁸m³,P95 资源量为 276.4×10⁸m³。

2. 洪山殿有利区

洪山殿有利区主体位于双峰洪山殿向斜,东部以埋深>500m 为界,北部以 TOC>1% 为界,东西部与南部均以埋深>500m 为界,分布面积约 188km²。该区构造相对稳定,地层倾角 20°左右,埋深为 1000~3000m。测水组富有机质泥页岩厚度为 30~50m,有机碳含量

表 5-2-2 测水组页岩气有利区资源评价参数赋值表

参数		车田江有利区					洪山殿有利区					新宁-隆回有利区				
		P5	P25	P50	P75	P95	P5	P25	P50	P75	P95	P5	P25	P50	P75	P95
体积参数	面积/km²	333					188					322				
	有效厚度/m	63	52	41	30	19	53	46	38	25	16	58	49	40	34	20
含气量参数	总含气量/(m³·t⁻¹)	2.32	1.81	1.46	0.87	0.45	1.38	1.21	1.08	0.64	0.26	1.93	1.63	1.35	0.85	0.38
其他参数	TOC/%	1.0~2.5					1.0~1.8					1.0~2.0				
	页岩密度/(t·m⁻³)	2.63					2.61					2.61				
资源量/10⁸m³		914.6	789.9	684.2	415.5	276.4	368.1	286.2	201.4	153.3	109.7	763.7	646.9	517.4	420.2	331.6
资源丰度/(10⁸m³·km⁻²)		2.75	2.37	2.05	1.25	0.83	1.96	1.52	1.07	0.82	0.58	2.37	2.01	1.61	1.30	1.03

普遍介于1.0%～1.8%之间，R_o在2.0%～3.0%之间，埋深在500～2500m之间，沉积相为潟湖-沼泽相。区内涟页2井现场解吸气分布在0.13～0.37m^3/t之间，总含气量为0.16～0.49m^3/t，平均含气量为0.31m^3/t，页岩气潜力一般。

页岩密度结合钻井岩芯与野外露头样品岩石密度测试资料，取平均值为2.61g/cm^3，依据参数井和地质调查井实钻结果，含气量取值范围为0.16～1.38m^3/t。根据厚度与含气量二维随机变量法(蒙特卡罗法)计算结果(表5-2-2)：P5资源量为368.1×10^8m^3，P25资源量为286.2×10^8m^3，P50资源量为201.1×10^8m^3，P75资源量为153.3×10^8m^3，P95资源量为109.7×10^8m^3。

3. 新宁-隆回有利区

新宁-隆回有利区主体位于邵阳凹陷西南部邓家铺向斜与箍脚底向斜，北部以TOC>1%为界，其余边界均以埋深>500m或以R_o<3.5%为界，面积共计322km^2。该区整体处于紧闭向斜内，地层倾角约30°，保存条件尚可。测水组下段富有机质泥页岩厚度为40～60m，有机碳含量普遍介于1.0%～2.0%之间，R_o在2.0%～3.0%之间，主体埋深在500～2500m之间，沉积相为潟湖-沼泽相。邓家铺向斜内浅钻2015HQ1井现场解吸气含量为0.21～0.7m^3/t，平均为0.38m^3/t，总含气量为1.58～2.79m^3/t，平均为2.04m^3/t。箍脚底向斜无钻井，但整体地质条件与有利目标区Ⅲ相近，结合实际情况采用类比法估算资源量。

页岩密度结合钻井岩芯与野外露头样品岩石密度测试资料，取平均值为2.61g/cm^3，依据参数井和地质调查井实钻结果，含气量取值范围为0.38～1.93m^3/t。根据厚度与含气量二维随机变量法(蒙特卡罗法)计算结果(表5-2-2)：P5资源量为763.7×10^8m^3，P25资源量为646.9×10^8m^3，P50资源量为517.4×10^8m^3，P75资源量为420.2×10^8m^3，P95资源量为331.6×10^8m^3。

经统计湘中地区石炭系测水组页岩气地质资源量合计1403×10^8m^3。其中，车田江有利区最合理估算资源量结果为684.2×10^8m^3，资源丰度为2.05×10^8m^3/km^2，属Ⅱ级(中)资源区；洪山殿有利区最合理估算资源量结果为201.4×10^8m^3，资源丰度为1.07×10^8m^3/km^2，属Ⅲ级(差)资源区；新宁-隆回有利区最合理估算资源量结果为517.4×10^8m^3，资源丰度为1.61×10^8m^3/km^2，属Ⅲ级(差)资源区。

三、二叠系龙潭组

湘中地区二叠系龙潭组有利区均集中于邵阳凹陷，综合考虑页岩储层厚度、有机地球化学特征、埋深及保存条件等共优选了3个有利区(图5-2-3)，分别为邓家铺-滩头有利区、三比田-箍脚底有利区和短陂桥-牛马司有利区。

1. 邓家铺-滩头有利区

邓家铺-滩头有利区位于邵阳凹陷西南部邓家铺向斜至滩头一线，面积为185km^2，有利页岩层段沉积环境为潟湖相、泥炭-沼泽相，泥页岩厚度为60～150m，富有机质页岩层段有机碳含量普遍介于1.8%～3.5%之间，R_o在1.5%～2.8%之间。区域整体为一紧闭向斜，以小幅度北西向推覆挤压构造为主，地层倾角30°左右，埋深较浅，主要介于150～1000m之间。区内2015HD3井现场解吸气含量为0.5～2.35m³/t，平均为1m³/t，显示该区龙潭组具有较好的页岩气资源潜力。

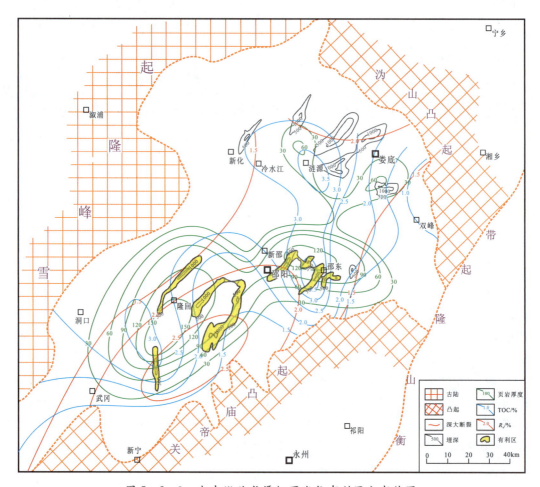

图5-2-3 湘中坳陷龙潭组页岩气有利区分布范围

页岩密度结合钻井岩芯与野外露头样品岩石密度测试资料，取平均值为2.57g/cm³，钻井实测含气量范围为0.65～3.32m³/t，主要介于0.96～2.32m³/t之间。根据厚度与含气量二维随机变量法（蒙特卡罗法）计算结果（表5-2-3）：P5资源量为1 173.6×10⁸m³，P25资源量为967.9×10⁸m³，P50资源量为813.6×10⁸m³，P75资源量653.4×10⁸m³，P95资源量为462.3×10⁸m³。

2. 三比田-箍脚底有利区

三比田-箍脚底有利区位于邵阳凹陷中部邵阳县一带,分布面积为 272km²,有利页岩层段发育于潟湖-沼泽环境,泥页岩厚度为 40~120m,富有机质页岩层段有机碳含量普遍介于 1.2%~2.6% 之间,R_o 在 2.0%~2.7% 之间。由两个紧闭向斜组成,地层倾角约 25°,埋深介于 500~1500m 之间。该有利区尚无钻井资料,但页岩气评价参数与邓家铺-滩头有利区非常相近,含气量数据可参考 2015HD3 井,并根据实际情况适度调整。

页岩密度结合钻井岩芯与野外露头样品岩石密度测试资料,取平均值为 2.57g/cm³,依据邻井资料含气量取值范围为 0.76~1.97m³/t。根据厚度与含气量二维随机变量法(蒙特卡罗法)计算结果(表 5-2-3):P5 资源量为 1 143.1×10⁸m³,P25 资源量为 1 026.4×10⁸m³,P50 资源量为 874.5×10⁸m³,P75 资源量 696.3×10⁸m³,P95 资源量为 516.9×10⁸m³。

3. 短坡桥-牛马司有利区

短坡桥-牛马司有利区位于邵阳凹陷东部邵阳市至邵东县一带,面积约 234km²,有利页岩层段沉积环境为潟湖相与泥碳-沼泽相,泥页岩厚度为 70~130m,富有机质页岩层段有机碳含量普遍大于 2.5%,R_o 在 1.5%~2.0% 之间。该有利区由多个小向斜组成,构造以小幅度北西向推覆挤压为主,地层倾角 33° 左右,埋深较浅,多数在 500~1500m 之间。该有利区尚无钻井资料,但页岩气评价参数与邓家铺-滩头有利区相近,气测与含气量数据可参考 2015HD3 井,并根据实际情况适度调整。

页岩密度结合钻井岩芯与野外露头样品岩石密度测试资料,取平均值为 2.57g/cm³,依据邻井资料含气量取值范围为 0.83~2.15m³/t。根据厚度与含气量二维随机变量法(蒙特卡罗法)计算结果(表 5-2-3):P5 资源量为 1 404.5×10⁸m³,P25 资源量为 1 194.2×10⁸m³,P50 资源量为 1 001.4×10⁸m³,P75 资源量 826.5×10⁸m³,P95 资源量为 543.6×10⁸m³。

经估算统计湘中地区二叠系龙潭组页岩气地质资源量合计 2 689.5×10⁸m³。其中,邓家铺-滩头有利区最合理估算资源量结果为 813.6×10⁸m³,资源丰度为 4.4×10⁸m³/km²,属 I 级(优)资源区;三比田-箍脚底有利区最合理估算资源量结果为 874.5×10⁸m³,资源丰度为 3.22×10⁸m³/km,属 II 级(中)资源区;短坡桥-牛马司有利区最合理估算资源量结果为 1 001.4×10⁸m³,资源丰度为 4.28×10⁸m³/km²,属 I 级(优)资源区。

表 5-2-3 龙潭组页岩气资源评价参数赋值表

	参数	邓家铺-滩头有利区					三比田-镏脚底有利区					短坡桥-牛马司有利区				
		P5	P25	P50	P75	P95	P5	P25	P50	P75	P95	P5	P25	P50	P75	P95
体积参数	面积/km²			185					272					234		
体积参数	有效厚度/m	135	119	105	90	65	115	98	79	60	45	138	123	108	95	75
含气量参数	总含气量/(m³·t⁻¹)	2.32	1.95	1.73	1.34	0.96	1.97	1.75	1.53	1.14	0.76	2.15	1.91	1.65	1.3	0.83
其他参数	TOC/%			1.8~3.5					1.2~2.6					1.8~3.5		
其他参数	页岩密度/(t·m⁻³)			2.57					2.57					2.57		
	资源量/10⁸m³	1173.6	967.9	813.6	653.4	462.3	1143.1	1026.4	874.5	696.3	516.9	1404.5	1194.2	1001.4	826.5	543.6
	资源丰度/(10⁸m³·km⁻²)	6.34	5.23	4.40	3.53	2.50	4.20	3.77	3.22	2.56	1.90	6.00	5.10	4.28	3.53	2.32

主要参考文献

包书景,林拓,聂海宽,等,2016.海陆过渡相页岩气成藏特征初探:以湘中坳陷二叠系为例[J].地学前缘,23(1):44-53.

陈安定,2005.氮气对海相地层油气保存的指示作用[J].石油实验地质,27(1):85-89.

戴鸿鸣,黄东,刘旭宁,等,2008.蜀南西南地区海相烃源岩特征与评价[J].天然气地球科学,19(4):503-508.

董大忠,邹才能,李建忠,等,2011.页岩气资源潜力与勘探开发前景[J].地质通报,30(2-3):324-336.

黄第藩,李晋超,1982.干酪根类型划分的X图解[J].地球化学(1):21-30.

吉丛伟,邵龙义,彭正奇,等,2011.湖南省晚二叠世层序古地理及聚煤特征[J].中国矿业大学学报,40(1):103-110.

李国亮,王先辉,柏道远,等,2015.湘中及湘东南地区上二叠统龙潭组页岩气勘探前景[J].地质科技情报,34(3):133-138.

李新景,胡素云,程克明,2007.北美裂缝性页岩气勘探开发的启示[J].石油勘探与开发,34(4):392-400.

李酉兴,1987.湖南邵东余田桥的泥盆纪竹节石[J].微体古生物学报,4(1):49-58+138.

刘路,1979.关于双壳类属弱齿蛤(*Dysodonta*)的时代问题[J].古生物学报,18(2):97-101.

柳祖汉,2005.湘中-南地区二叠系沉积相的分异及成因[J].地质科学,40(4):62-69.

马若龙,2013.湘中、湘东南及湘东北地区泥页岩层系地质特征与页岩气勘探潜力[D].成都:成都理工大学.

苗凤彬,谭慧,王强,等,2016.湘中涟源凹陷石炭系测水组页岩气保存条件[J].地质科技情报,35(6):90-97.

宁博文,2015.湘中地区石炭—二叠系页岩气资源潜力评价[D].湘潭:湖南科技大学.

钱劲,马若龙,步少峰,等,2013.湘中、湘东南坳陷泥页岩层系岩相古地理特征[J].成都理工大学学报(自然科学版),40(6):688-695.

杨峰,宁正福,胡昌蓬,等,2013.页岩储层微观孔隙结构特征[J].石油学报,34(2):301-311.

杨振恒,韩志艳,李志明,等,2013.北美典型克拉通盆地页岩气成藏特征、模式及启示

[J]. 石油与天然气地质,34(4):463-470.

翟刚毅,包书景,王玉芳,等,2017. 古隆起边缘成藏模式与湖北宜昌页岩气重大发现[J]. 地球学报,38(4):441-447.

张国涛,陈孝红,张保民,等,2019. 湘中邵阳凹陷二叠系龙潭组页岩含气性特征与气体成因[J]. 地球科学,44(2):539-550.

张汉荣,2016. 川东南地区志留系页岩含气量特征及其影响因素[J]. 天然气工业,36(8):36-42.

张厚福,张万选,1989. 石油地质学[M]. 2版. 北京:石油工业出版社.

张金川,林腊梅,李玉喜,等,2012. 页岩气资源评价方法与技术:概率体积法[J]. 地学前缘,19(2):184-191.

张金鉴,1986. 湘中上泥盆统锡矿山组上段介形类化石[J]. 湖南地质,5(1):57-62+2.

张琳婷,郭建华,焦鹏,等,2014. 湘中地区涟源凹陷下石炭统页岩气藏形成条件[J]. 中南大学学报(自然科学版),45(7):2268-2277.

赵文智,刘文汇,2008. 高效天然气藏形成分布与凝析、低效气藏经济开发的基础研究[M]. 北京:科学出版社.

GROEN J C, PEFFER L A A, PÉREZ-RAMÍREZ J, 2003. Pore size determination in modified micro- and mesoporous materials. Pitfalls and limitations in gas adsorption data analysis[J]. Microporous and Mesoporous Materials,60(1-3):1-17.

JACOB H, 1989. Classification, structure, genesis and practical importance of natural solid oil bitumen("migrabitumen")[J]. International Journal of Coal Geology,11(1):65-79.

LOUCKS R G, REED R M, RUPPEL S C, et al, 2012. Spectrum of pore types and networks in mudrocks and a descriptive classification for matrix-related mudrock pores[J]. AAPG Bulletin,96(6):1071-1098.

MASTALERZ M, SCHIMMELMANN A, DROBNIAK A, et al., 2013. Porosity of Devonian and Mississippian New Albany Shale across a maturation gradient: Insights from organic petrology, gas adsorption, and mercury intrusion[J]. AAPG Bulletin,97(10):1621-1643.

REINECK H E, SINGH I B, 1973. Current and Wave Ripples[M]. Heidelberg:Springer.

SING K S W, EVERETT D H, HAUL R A W, et al, 1985. Reporting physisorption data for gas/solid systems with special reference to the determination of surface area and porosity[J]. Pure and Applied Chemistry,57(4):603-619.